私だけの
手づくりねこ
Watashi dakeno tezukuri neko

「私だけの手づくりねこ」

CONTENTS

猫をつくる人

ハンドメードを楽しむ
（ショップ、ギャラリー、教室）

Sweets

つくってみよう。私だけのニャン

はじめに

プロの作品を見たり、気に入ったものは購入したり、
自分でも手作りに挑戦したり…、
世界で一つ自分だけの猫作品に出合える本です。
ページをめくっているだけで「かわいいな〜」と癒されてしまう、
さまざまな手法・表情のねこ作品が満載です。
ショップや教室、猫スイーツのほか、
作家さんが特別に教えてくれた猫作品のレシピも。
"十猫十色"の猫たちを存分にお楽しみください。

Data欄の にゃ〜 は、愛猫やご近所猫につい話しかけてしまうという方の目印です。赤ちゃん言葉になってしまったり、「ニャッ、ニャー」と猫語だけで会話する方など、皆さん負けず劣らずの猫愛ぶりでした。お会いしたら、猫好き度合いをチェックしてみて！

猫をつくる人

猫をモチーフに作品をつくる、

県内在住作家さんの作品＆作業の様子を紹介。

作家さんそれぞれの手法で表現された、

猫の魅力、愛らしさが満載です。

以前飼っていた猫がモデルの球体関節人形。
レースはイギリス製アンティーク

妖艶な美しい猫たち
小物から球体関節人形まで

大学時代、エコール・ド・シモンという球体関節人形の教室の看板を見て、「こういうものがこの世にあるんだ」と魅せられたいそべまりこさん。その教室は断念したが別の人形教室に通い、人形づくりの基礎を学んだ。そして就職後も創作活動を続け、人形作家に。今では浜松市と焼津市に「アトリエベベ人形教室」も開講する。

下絵を描き、スチロールを削ってその上に粘土を付け、削ったり磨いたりしながら形を整える。そして胡粉という顔料を何度も塗ると、肌がしっとりと柔らかに見えるのだそう。猫のブローチのように、粘土を付けたらその上に縮緬（ちりめん）を貼るタイプもある。作品は今まで飼っていた猫がモデルになっている。人形を引き立てる縮緬の古布は、布コレクターの祖母からたくさん譲り受けたほか、一緒に買い付けた思い出の品。「人形が売れたときはお嫁に出す気持ちになるけれど、つくるのが好きなので、誰かに喜んでもらえるのが一番うれしい」。人形づくりの楽しさをいそべさんの教室で体験してみては。

Data

住まい／浜松市中区　同居猫／２匹 （にゃ～）
購入方法／自身のアトリエ・ギャラリー（焼津市三ケ名908-1）、個展で展示販売ほか。ブローチ2,000円、人形3,000円～
問い合わせ／Eメールinfo@atelierbebe.net
※教室予約の詳細90ページ

1

2

3

4

1.人形が締めた帯の刺しゅうもご自身で　2.自然な猫の仕草で、まるで動き出しそう　3.ペンダントトップや帯留めに　4.「猫は近づけるようで人を近づけない、そこに惹かれますね」

作品の動物たちには名前や性格がある。HPで要チェック

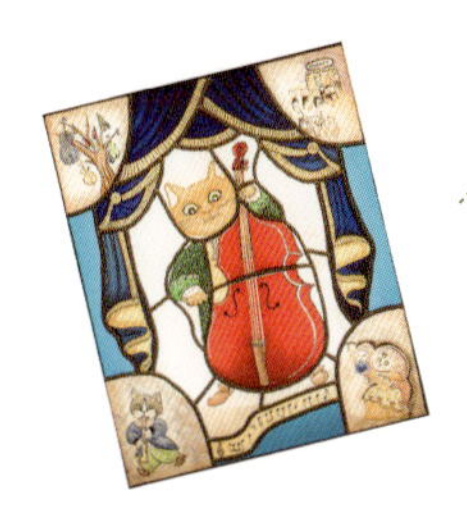

コントラバスを奏でるセバスチャン

1.七色の光が幸せを運ぶサンキャッチャー 2.黒猫店長のニャーゴがお出迎え。実際の店舗・作業の様子を再現 3.この下絵からステンドグラスが誕生 4.楽しそうに夢のある作品をつくり出す

絵が持つ世界観に
ステンドグラスで命を吹き込む

ステンドグラスは、19世紀にティファニーが考案したカッパーホイル技法と絵付け古典技法の２タイプがある。ステンドグラス工房「ニャーゴ」の青島千景さんはテープ技法を勉強したことがきっかけで、この世界のとりこになった。そしてステンドグラス制作を仕事にしたい！と古典技法を習いに東京へ。絵のように細かい表情を表現できるのが古典技法の魅力だと言う。工程は顔料を使ってガラスに絵を描き、それを電気釜で焼き付ける。描いては焼き付け、さらに描いて焼き付けと繰り返し行い、ガラスに陰影をつけていく。その顔料は３時間練らないと筆の走りが悪い。色により焼き付ける温度が違うため、色を入れるのにも順番がある。こうして多大な労力をかけて出来上がった作品は、まるで一枚の絵のようだ。

「絵のモチーフは私の妄想ワールドで、作品はニャーゴMapから生まれています。猫はもともと大好きですし、あのしなやかな体は絵になるんですよ」。物語のある作品は見ているだけでワクワク、うっとり、楽しくなる。

Data

住まい／藤枝市　同居猫／１匹 （にゃ〜）
購入方法／「ニャーゴ」（藤枝市高柳3-29-20）で展示販売。
オーダーも可。おやすみランプ 5,000円〜
問い合わせ／TEL054-636-4123

きまぐれ工房
ねこだら家
創作人形

「愛着のある作品は手放し難く、見付けられにくいようわざと奥の方へ展示することも(笑)」

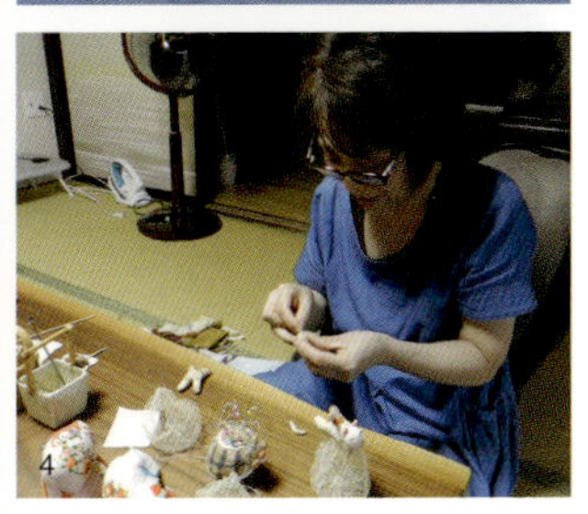

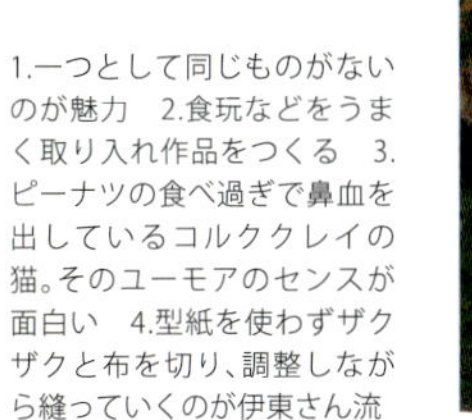

1.一つとして同じものがないのが魅力　2.食玩などをうまく取り入れ作品をつくる　3.ピーナツの食べ過ぎで鼻血を出しているコルククレイの猫。そのユーモアのセンスが面白い　4.型紙を使わずザクザクと布を切り、調整しながら縫っていくのが伊東さん流

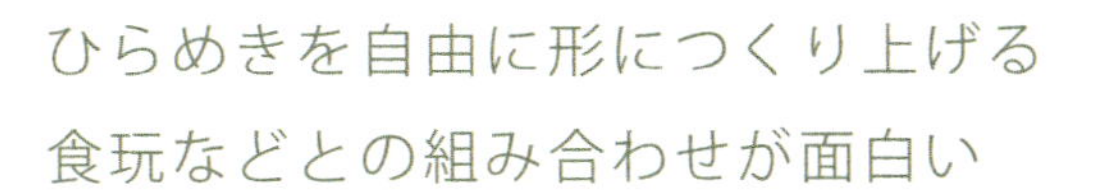

ひらめきを自由に形につくり上げる
食玩などとの組み合わせが面白い

母親の形見の着物を使った作品をはじめ、コルククレイや紙粘土の人形、和布小物、絵手紙などが、まるでおもちゃ箱をひっくり返したようなにぎやかさで並ぶ伊東幸子さんの作品展。2006年から不定期ながら春、夏、秋冬の年3回、自宅で開催しているもので、来場者は年々増加、県外から足を運ぶ人もいるそうだ。つくり始めたのは20年ほど前。フリーマーケットで初めて作品を販売したところ好評で、楽しくなってイベントを探しては出展。気が付いたら、いつの間にか定期的に開催していた。〝つくりたい時に好きなものをつくる〟がモットー。「この素材をどう使おうか、考えている時が一番楽しい」と食玩や自然素材などを集めておき、自由に組み合わせて作品を生み出す。柔軟な発想で次々に思い付くアイデアの泉は枯れることがなさそうだが、「作品展のあとしばらくは空っぽになります。旅先などで刺激を受け再び創作意欲が燃える、その繰り返しです」。見る人を幸せな気持ちにする表情の豊かさが魅力だ。

Data

住まい／島田市　同居猫／無　にゃ～

購入方法／年3回、自宅で企画展開催時に展示販売。開催告知は静岡新聞ウイークリーガイドで案内予定。コルククレイ1,500円～、布人形2,980円～ほか　問い合わせ／TEL0547-36-0268

ち. ／ chee.
塗り下駄

透明感のある色彩で描かれた下駄はセミオーダーで絵柄、形、サイズ、鼻緒を自由に組み合わせられる

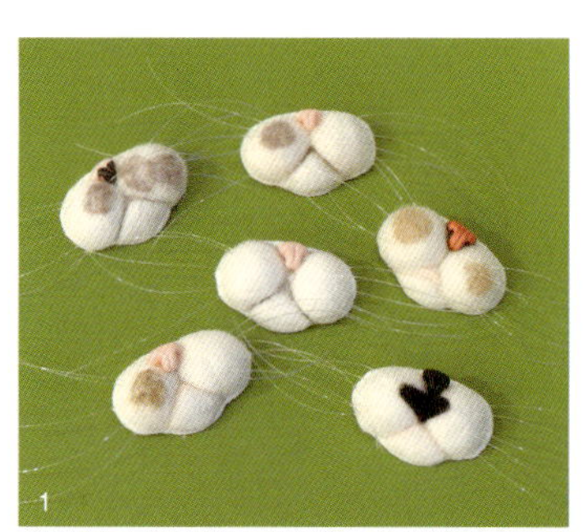

1.樹脂の鼻、羊毛フェルト製の「はにゃのした」 2.「今日は何柄にしようか」と気ままにつくる 3.コラボ企画で限定制作した浴衣と帯

外出時も楽しめる持ち歩けるアート
自由な発想で猫好きを魅了する

学校卒業後に就いた靴の企画デザインの仕事から静岡市の地場産業、下駄づくりに興味を持ち、1999年、職人に弟子入りした「ち.／chee.」の鈴木千恵さん。働きながら技術を学び、現在はアート下駄作家として活動。毎年夏に県内外で開催している個展には遠方からファンが集まり、常連さんたちと会話をするのも楽しい時間だ。

色彩豊かに自由な発想で、遊び心にあふれた作品が魅力。大好きな浮世絵師、歌川国芳が描く猫をアレンジした作品も多い。「素材や技法にこだわらず、何でもできること、作りたいものは形にしていこうと思っています」と、バッグやアクセサリーなども制作。身に付けられることを基本とし、外に持ち出せるアートを目指している。

作品にはしばしば愛猫「もずく」と「お結び」が登場する。「自分が猫と一緒にいて、かわいいと感じるものを表現したい」と生まれた「はにゃのした」は、ぷっくりした鼻周りを羊毛フェルトでブローチ＆帯留めにしたもの。猫好きのツボを押さえた表現力に脱帽する。

4.「昔から工作が好きで、新しいものをつくる時はわくわくします」

Data

住まい／静岡市駿河区　同居猫／2匹 

購入方法／毎年夏に静岡をはじめ全国3〜4カ所で個展を開催しオーダーを受け付ける。下駄2万3,760〜3万8,880円程度
問い合わせ／Eメールchee.lab@gmail.com

巣山さやか
ペン画

セピア色の色調が猫の気品を引き立てる

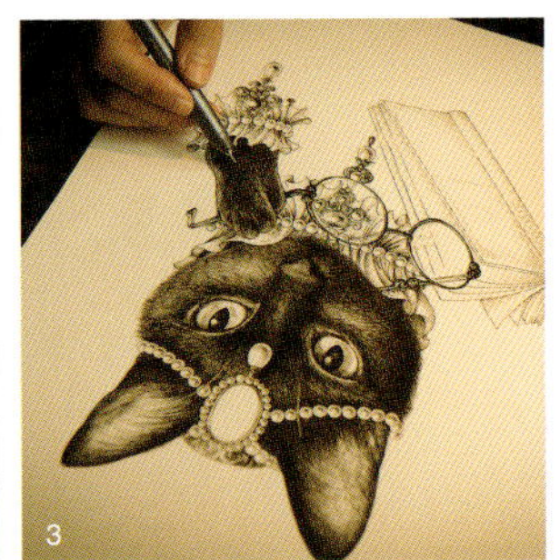

1.2.イラスト雑貨は多彩なアイテムで展開。原画からのオーダーも可　3.ペンは使い込むとかすれてくるが、かすれ具合がまた良いのだそう

超極細ペンで描く猫の肖像画
珈琲染めで独自の世界観を表現

ゴージャスな宝石をまとった猫の肖像画。0.03㎜という超極細のペンを使い、毛の１本１本まで丁寧に表現する。「猫って色っぽい部分があるので、かわいくアレンジするより、なるべく忠実に描きたい。すっぴんでジュエリーが似合うのは猫だけですね」。"ジュエリーの歴史"などの本を見て研究し、華麗なジュエリーをどのように猫に合わせるか考える。ポストカードは珈琲染め。手で染めるため、濃かったり薄かったりするが、イラストとマッチして独特な風合いを醸し出している。

元来絵を描くことが好きだったが、「猫のしなやかさを表現することは難しい」と幼心に感じた時から、猫だけは避けてきた。それが大人になり絵を描く仕事に息詰まり、筆を置いた時になぜか描いてみたいと思ったのが猫。猫の絵を描くことで再び絵の仕事が楽しいと思えるようになったという。2016年は初の個展を開き、巣山さやかさんにとって大きく飛躍した年だった。念願のウェブショップを開店。「一生かけてたくさんの猫を描きたいですね」。

4.端正な顔に猫のような大きな目が印象的

Data

住まい／藤枝市　同居猫／無
購入方法／イラスト雑貨の購入、原画オーダーはメールで。
ポストカード200円～、原画A4サイズ3万円～
問い合わせ／Eメールmonkeys580@gmail.com

↘（シルス）
流木アート

ひょうひょうとした表情でアピール力200%の猫たち

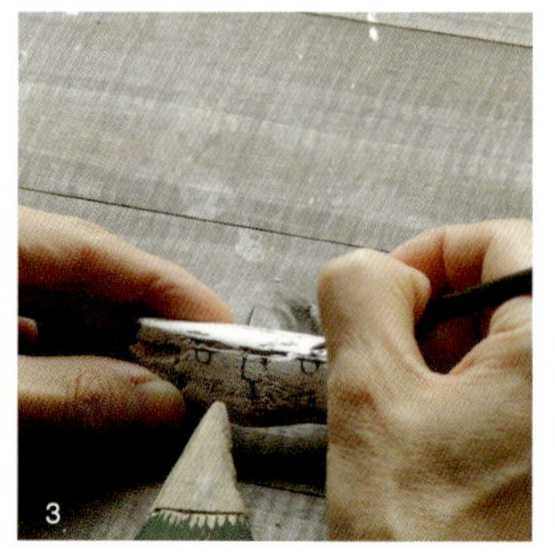

1.猫の胴体は黒板。しっぽはチョーク　2.人工ではつくることのできないフォルムが流木の魅力　3.醍醐味は目入れ。さて、どんな目にしようか

家の玄関に飾りたい
招き猫の壁掛け

流木や廃材でつくるアート
物には全て命があるから

作家名は「〵」と書いて〝シルス〟と読む。これはシルスさんの奥様の祖父の名前。美術関係の学校に通っていた時、卒業制作で取り組んだ〝拾ったもので創る〟という課題が気に入り、その後も制作を続けていた。地元静岡に戻り結婚して、ある日子どもと海へ遊びに行った時、流木に目がいった。「流木を拾って来て、人形をつくったら面白くて。それからですね。海岸に流れ着いたものに手を加え、命を入れたいと思うようになったのは」。

猫の胴体は流木。脚となる釘は解体現場でもらったり、耳としっぽはタンスに眠る革のバッグを使ったり、材料は全てリサイクル素材。物を大切にするよう祖父母から教えられて育ったシルスさんの哲学がここに流れているようだ。つくるのは猫だけでなく、人形やサンタクロース、鳥など。「色とか形とか、流木の組み合わせを考えながらつくるのが楽しいんです。一番は目を入れる時かな」。穏やかな雰囲気のシルスさんだが、流木だって命があると言わんばかりに、得も言えぬ存在感のある作品だ。

4. 流木は煮沸、天日干しして、磨いてから使用

Data

住まい／静岡市葵区　同居猫／無
購入方法／イベントや個展などでの手売りを大切にしている。HPで開催を告知。2,200円～　問い合わせ／TEL090-6466-4767
Eメールsinso25@outlook.jp

晴れるや工房

石猫

手前から右回りに愛子さんのデフォルメ猫、優さんの眠り猫、典久さんのリアル猫

三毛猫や白・黒猫は
色の表現が難しい

川原の石に命を吹き込む
親子3人それぞれに猫を描く

木々に囲まれ、目の前に天竜川の支流が流れる静かな環境で創作活動を行う「晴れるや工房」の渥美さん一家。石猫をつくり始めたのは10年前。それまでトールペイントで木に描いてきた愛子さんが、地域の産業祭でなにか目新しいものを販売したいと思った時に見つけたのが川原の丸い石。背を丸めた猫のフォルムに似ているなと、いくつか描いて並べたところ大好評。それを機に娘の優さんと石猫をつくり出した。1年後に加わった典久さんは「細い線が引けるようになるまで3年くらいかかった。特にヒゲは難しかった」と振り返る。

石猫と言っても、3人の作品は趣きが全く異なる。典久さんは観察・研究に余念がなくリアルさを追求、愛子さんは石本来の色を利用することが多くデフォルメしたかわいい作風、優さんはイメージした色を出すため何色も混ぜ日本画のような質感の眠り猫を描く。愛子さんがテーブルで作業を始めると、キジトラのマロンちゃんがいつも決まって抱っこをせがむ。

Data

住まい／浜松市天竜区　同居猫／4匹 にゃ～

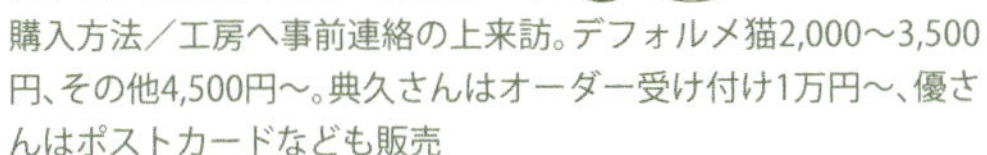

購入方法／工房へ事前連絡の上来訪。デフォルメ猫2,000～3,500円、その他4,500円～。典久さんはオーダー受け付け1万円～、優さんはポストカードなども販売

問い合わせ／TEL053-983-2055※教室予約の詳細90ページ

1.「しょっちゅう、呼び寄せては柄を観察している」と典久さん　2.鼻周りは光の当たり方を考慮し、膨らみを表現　3.典久さんと優さんは白い下地に描く　4.画材はアクリル絵の具

親は子どもが触ってしまわないかと心配しがちだが、「僕の作品はむしろ見て触って感じてほしいんです」と長谷川さん

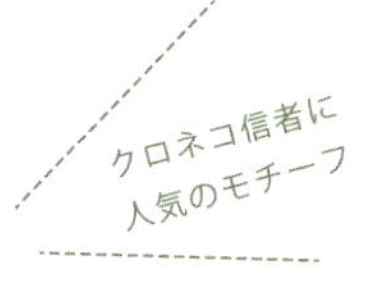

ぬくもりある天然木の優しさ
作品と共に年輪を重ねたい

左右対称でなく、どこかユニークな動物たち。あえてデフォルメしたデザインが特徴的だ。ボンドや金具を使用せず、継ぎ目の無い一本木で仕上げるという高い技術に魅了されたコレクターは全国数知れず。商業デザイナーとして立体造形物を長年手掛けてきた長谷川渉さんが、木のぬくもりで心を癒してほしいと「丸太房」をオープン。カービングアートデザイナーとして活動している。

天竜杉や楠を使い、部位ごとの強度や日ごとに変わる木の状態に寄り添いながら2〜5カ月かけて制作。木目をデザインに生かしたり、色作品には粉塗料で茶色に仕上げてから水性塗料を重ねたりと工夫し、動物の表情を豊かにしている。「木に触れる機会の少ない子どもたちに、普段の暮らしで与えたい」と長谷川さん。猫作品は愛知県瀬戸市で開催される「来る福招き猫まつり」で全国100人の作家の一人として選出。病院のインテリアや「招き猫ミュージアム」出展など引く手あまただ。「木は年数が経つほどにいい味が出る。人も同じ」と教えてくれた。

Data

住まい／浜松市東区　同居猫／無
購入方法／「丸太房」（浜松市東区上西町1153-2）へ来訪または問い合わせ。5,000円〜
問い合わせ／TEL090-1417-2448

1.2.絵本から飛び出したような猫たち。「うちの子に似せて」などのオーダーも可　3.壁掛け時計も人気　4.作業は屋外スペース、ギャラリーは2階にある。総合学習で小学生が見に来ることも

岩崎 正

カービングアート

クスノキを素材に電動工具で粗取りした後、彫刻刀で仕上げる。黒目は黒檀の丸棒を埋め込み、ガラスのような瞳を表現

1.のんびりした表情に癒される　2.壁に掛けて気軽に楽しめる　3.小物は塗りの段階までまとめて作業

穏やかな港町で生まれた猫たち リアル系からおとぼけ顔まで

長年、バーニングペンを使い、フクロウなど鳥の羽のツヤや羽毛の柔らかさを緻密に表現してきた岩崎正さんが、3年ほど前から猫も創作している。今はさまざまなタイプの作品に取り組み中で、鳥と同じ手法で毛並みの1本1本を描き出す作品は、カップやお菓子のパッケージから顔だけちょこんと覗く姿がユニークだ。

工房は旧小川港そばの川沿いにある。昔は魚の加工場も多く、野良猫がたくさんいたそうだ。祖父が船大工だったため木やのこぎり、カンナが身近にあり、自由に工作できる環境で育った。作家活動35年、最初はカモの模型「デコイ」をつくっていたが、「本物に近付けるため、寸法だけ追っているのは違うな。作品を見た時にどう感じてもらえるかが大切」と独自の作品づくりへと舵を切る。猫も最初はある程度リアルに彫っていたが、「今は遊び心を加えて、あの人の作品だねと分かる顔をつくろうと思っている」。マンガのキャラクターのような面長で、ぽーっとした表情が目下のお気に入りだ。

4.工房の外で作業をしていると学校帰りの子どもが寄ってくる。魚が釣れる時間帯は制作を中断して海へ

Data

住まい／焼津市　同居猫／無
購入方法／「ねこふく」(詳細74・75ページ)で委託販売、年10回ほど個展やグループ展で作品発表。壁掛け4,000円ほか
問い合わせ／TEL090-9025-1085

工房 ぽっか ポカ
木工

「一緒に連れてって」の声が聞こえてきそう。丸太は切り口の角度で表情が変わる

1.クラフト展で受賞、ランプが灯る作品
2.「同じものばかりは飽きてしまうので、楽しみながらいろいろつくっています」

伐採された木材を再利用
上目遣いの視線に足が止まる

ミカン、リョウブ、イチョウなど山で伐採された木を素材に猫作品をつくる「工房 ぽっか ポカ」の細井春治さん。枝を払い、丸太を機械で粗く削り、彫刻刀で体の模様や鼻の横のぷっくりした膨らみなど細部をつくり込む。木肌の色を生かすためなるべく彩色はせず、バーニングペンで目や柄を描き仕上げていく。創作活動を始めて約25年、当初はフクロウを彫っていたが、ある時「同じポーズの猫もかわいいな」と思い立った。つぶらな瞳で見上げる猫は、持ち上げれば木肌の優しさが手に馴染み一気に愛着が生まれる。木切れの再利用で始めたボタンも大人気。素材の豊富さを生かし、アクセサリーや皿なども制作している。

Data

住まい／駿東郡長泉町　同居猫／2匹 にゃ〜
購入方法／「工房 ぽっか ポカ」（駿東郡長泉町竹原158-2）へ電話予約の上来訪、県内外のクラフトフェアに出展。3,000円位〜
問い合わせ／TEL055-975-6967

黒い柄の部分は自然に仕上げるため、
絵の具を吹きつける

石川教之
陶芸

どんなポーズも
思いのまま

Data

住まい／静岡市葵区
同居猫／3匹 (にゃ〜)
購入方法／夫婦で経営する「テーブルスプーン」（静岡市葵区大岩本町20-20）で展示販売。箸置き500円、その他3,000〜1万5,000円
問い合わせ／TEL054-247-1955

1.手びねりで作陶する　2.仕事の合間にカウンターでつくることも

頭の中でイメージした猫を形に 自由な作風が楽しい

石川教之さんは静岡市内で「いなか家」という飲食店を長くやっていた。その店に島田市の陶芸家・小川幸彦氏が訪れたのをきっかけに陶芸を始めたという。最初は猫の箸置きなどをつくっていたが面白くなくなり、もっと大きな猫をつくりたくなった。作風はいろいろ。土や釉薬によって出来上がりを変えている。作り方にも工夫があり、刷毛で櫛目を付けて毛並みのように見せたり、小さな土のかたまりをペタペタ付けて毛足の長い猫に見せたり。さらには窯もガスと電気とでは焼き上がりが違う。100匹以上飼ってきただけあり、猫の仕草をよく捉えている。どの猫も愛嬌たっぷりで、石川さんの大らかな人柄そのものだ。

石井薫陶

陶芸

多くの猫と付き合い感じるのは「猫の数だけドラマがある」。右奥のモデルがノラちゃん

1. 2匹が尻尾を重ねるとハートが現れる　2.壁掛けは下から見上げると、目が合うのがかわいい　3.猫のオーケストラ　4.「1個ずつ表情を変え、自分が納得いくものをつくっています」

引っくり返せば
器に変身

はじまりはノラちゃんとの出合い
置物から食器まで猫・ねこ・ネコ

閑静な住宅地にアトリエ＆ギャラリー「タオ陶房」を構える石井薫陶さん。作品の大半を占めるのは大きさも形もさまざまな猫。アトリエでは白猫が目を細めながら、石井さんが作陶する様子を見守っている。猫をつくるようになったのは30年ほど前、ノラちゃんと暮らし始めたことから。実家の作業場にひょっこり顔を出したその野良猫は「頭は大きいけど痩せていて、不細工」だった。家族に反対され隣町に捨てに行ったが、「1カ月後に戻ってきた。『帰ってきちゃった』って、はにかんだ顔が愛おしくて」手放せなくなった。そして傍らで昼寝をしているノラちゃんを眺めているうち、猫をつくりたいと思ったそうだ。立体の置物から食器、小物まで猫尽くし。顔にこだわり、「横から見てもちゃんと鼻の形があるように意識してつくっています」。ノラちゃんと出合ってから生活に猫が途切れたことはない。「癒やされているけど、猫の世界もエゴや嫉妬など大変で、そういうことも含めてうまく付き合わないとって感じだね」と笑う。

Data

住まい／三島市　同居猫／1匹 （にゃ～）
購入方法／アトリエ＆ギャラリー「タオ陶房」（三島市大場1086-273）で展示販売。箸置き700円～
問い合わせ／TEL055-973-2775 ※教室予約の詳細90ページ

ろくろで挽いた土台に、立体的に猫の顔をつくる。どれも型を一切使わず、手びねりで仕上げる

1.ブローチは委託先限定のデザインも　2.箸置きは、お腹を出してゴロンと寝ている姿など日常の動作を形に　3.本を読む猫

天竜の自然の中へ愛猫と移住
モノがない生活も創意工夫で楽しく

山あいの小さな集落で、祖母と愛猫と穏やかな時間を楽しみながら土に向かう「コウボウ　サワヤ」の戸澤友子さん。焼き物の本場愛知県瀬戸市で陶芸を学び、2015年に独立した際、祖母が暮らす天竜へ移住を決めた。周囲からは店もなく、携帯の電波も入らない不便な環境で大丈夫かと心配されたそうだが、「物が無ければ無いで不自由しないし、何をプラスするかやれるかと考え、工夫するのが楽しいです。生活から余分なことを削ぎ落としたら、気分も身軽になりました」。

大量消費の時代、モノの本質を見つめ直したいとの思いが募り、仕事を辞めて陶芸の世界へ。民芸の窯元で修行し、職人の仕事ぶりに触れ、モノづくりの素晴らしさを再確認した。作品は慣れ親しんだ瀬戸の土を使い、釉薬を半年かけて手づくり。「作品の猫は何かを企んでいるような、ちょっと悪い顔が多いです。表情のモデルはうちの猫。障子を破ったり、素焼き前の作品を落として割ったりするときは、決まってこんな顔をします」。

Data

住まい／浜松市天竜区　同居猫／1匹 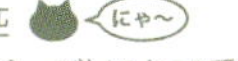

購入方法／「シロツメクサ」（詳細88ページ）ほかで委託販売、浜松市内のクラフトフェアなどに出展。箸置き500円、マトリョーシカ型猫1,500〜3,000円ほか
問い合わせ／Eメールcouvou-sawaya@outlook.jp

4.朝食後、祖母は畑へ、戸澤さんは作陶に集中

清水うのう
陶芸

遊び心あふれる柔軟な発想力
猫を身近に、暮らしにもっと潤いを

1.「普段の何気ない動きを描写してみたい。新しいポーズを描けるように観察しています」 2.好きな工程は成型。「粘土は自分が力を加えた分だけ変化するのが好き」

陶芸家の両親の元、ごく自然に土に親しんできた清水うのうさん。4歳から母、知子さんと陶芸ユニット「Pep pop sadee」を組み作品を発表、高校入学を機に個人の活動をスタートさせた。幼少期から動物が好きで、猫モチーフの作品も多い。猫の頭をなでながら食事ができるシリアルボール、食事中に目が合う箸置きなど、大人は思いつかない感性が楽しい。「日常に何気なくあってどこかほんわかするような、思わず触りたくなる作品を目指しています」。数年前に猫を飼い始めてから、絵のポーズに幅が出た。「猫は気まぐれだけど落ち込んでいたら慰めてくれ、心が通じ合うように感じるところが好きです」。

モデルは工房の黒猫なごみ、自宅の白猫ゆり

Data

住まい／静岡市葵区
同居猫／1匹 にゃ～
購入方法／両親が営む「陶芸ギャラリー 呑舟庵」(静岡市駿河区向敷地656)で販売。豆皿1,080円、プレート2,590円ほか
問い合わせ／TEL090-8334-8349(呑舟庵)

おちょこ
陶芸

Data

住まい／湖西市
同居猫／2匹 (にゃ～)
購入方法／県外の企画展やイベントに出展、フェイスブックからハンドメイドサイトへ。箸置き700円～、中心価格帯１万円前後
問い合わせ／Eメール
ochoko74@gmail.com
（オーダーは不可）

手前中心の胴長ニャン太シリーズは愛猫がモデル

不思議な力が宿っていそう 猫と神様が融合した「猫さま」

つい拝みたくなるご利益のありそうな作品が、ファンから「猫さま」と呼ばれている「おちょこ」こと那須里美さん。仏像が好きで、京都の三十三間堂で仏像に向き合う時に感じる癒しを猫にも感じている。「猫も静かにじっと見てくる。人間の言葉も気持ちも全て分かっていて、不思議な能力を持っていそう」。おちょこさんが、作品を初めて発表したのは2009年、SNSで紹介したところ人気に火がつき作家活動をスタートさせた。作業は最初に顔を仕上げ、そのイメージで体をつくる。細かいことが大好きで、歯や歯肉も楊枝で丁寧に入れていく。幼少期から猫と暮らし魅力を熟知し、猫が傍らにいる環境で作品をつくる。

1.弁財天とのコラボ。首には狛犬のような飾り付き　2.顔は左右均等になるまで1～２時間かけ、団子状の土を空洞にして内側から押して整えていく。「ふっと笑みが出るような作品を目指しています」

屈託なく笑う猫の口には好きなものを入れて

凹凸が個性的

純真無垢なつくり手の表現力
想像を超えた作品に胸を打たれる

「私たちが真似しようとしても、到底かなわない作品ばかり」と「こもれびの家」副主任の上甲俊介さん。「遠州根洗窯」は特別支援学校の卒業生たちが、活動の一環として陶芸に取り組む工房だ。信楽の土で形づくり、大型ガス焼成炉で焼く陶器は美濃の釉薬を使用。箸置きのような小さなものから高さ40cmほどの大型作品まで、各自のレベルに合わせ、職員や県内外の陶芸家がサポートしながら仕上げていく。年２回「やきものまつり」を開催し作品を披露、さらなる活性化をと2016年に猫を題材にしたところ、猫好きからの反響が大きく、つくり手へやりがいを与えるきっかけにも繋がったそう。「職員は売れるとつい媚びた作品を考えてしまう。彼らはそういった意思がなく、つくりたいものを全身でつくる。だからこそ心に響く魅力的な作品が生まれるのです」と上甲さん。心の安定化を図るため、土に触れる機会をとスタートした遠州根洗窯の作品は数々のコンクールで受賞。唯一無二の表現力で、陶芸ファンを夢中にさせている。

Data

購入方法／「遠州根洗窯」の作品、併設のパン工房のパンを扱うショップ「しまうま倶楽部」（浜松市北区根洗町1107-4）で購入可、200〜2万円。オーダーは要問い合わせの上、来訪
問い合わせ／TEL053-439-8235

1

2

3

4

1.併設のショップで展示販売　2.猫が舌を出すような靴べら置き　3.藍色の釉薬がアクセントの箸置きと小皿　4.作品に向き合う利用者

Kitton Kitton
陶芸

デザインを徹底的に簡略化した基本の三体。当初は名前がなく、ファンの間で「ねころんぼ」と呼ばれていた

1.「身近に置いて楽しんでもらいたい」。楊枝入れ、シュガーポット　2.箸置き　3.新シリーズの陶印。置物としても楽しめる

ぷっくりしたお腹がかわいい いたずら顔のシマシマ子猫

初めて陶器で動物をつくったのは5歳の時。子どもの頃、陶芸家の叔父の工房に遊びに行っては土に親しんだ。「創作に打ち込む叔父の姿は格好良く、こういう風になりたいと思った」。そして高校卒業後に迷わず陶芸の世界へ。作家としての活動歴は30年を超えるが、「それ以上は言わない」ことにしているらしい。

造型作家、きたのみほさんの代表作は黒のシマシマ模様の子猫Kitton Kitton（キットン キットン）。根強いファンが多く、クラフトフェアに出展すると「30年前に買った」「ずっと探していた」とよく言われるそうだ。モデルは昔飼っていた猫と犬の子どもの時期。ぷっくりしたお腹、短い手足は子どもならではのかわいさだ。「茶目っ気やいたずらっぽさなど、人の神経がふわっと緩むものを込めたい。いつも緊張しっぱなしの生活では、どこかで疲れてしまうから」。伊東の山の中に窯がある。「土は一度焼いたら三千年、元へ戻らない。だから心してつくれ」という叔父の教えを胸に土に向かう。

4.1年の半分は週末になると作品を車に積み、クラフトフェアに出展

Data

住まい／伊東市　同居猫／無
購入方法／「しゅぜんじ三笑（さんしょう）」（伊豆市修善寺937-2）で委託販売、主に県外のイベントに出展。箸置き870円～
問い合わせ／TEL0558-72-0626（しゅぜんじ三笑）

榛葉順英

石粉粘土

パーツに分解して樹脂で型どり。「頭部の向きで振り返ったり、首をかしげたり、ポーズ決めは楽しい」

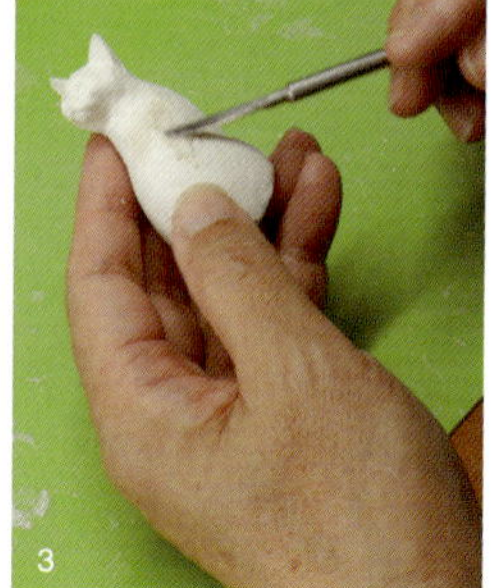

1.眠気を誘う眠り猫　2.表情が細かいため全部同じは難しい　3.肌を滑らかに整えた後、小さな和紙を貼っていく

グニャッと
あらぬ格好をするのが
面白い

自由で伸びやかな姿が魅力
和紙の風合いを生かした美猫

榛葉順英さんの作業場には、仕上げを待つ白猫がずらり。石粉粘土で成型された猫たちはそのままでも白く美しいが、作業はまだ半ば、ここに小さくちぎった和紙が丁寧に貼られていく。

若い頃から和紙が好きで、産地を訪ねたこともある。つくり始めたのは15年ほど前、猫作品ばかりを紹介した本を目にしたことから。猫と工作好きでもある榛葉さんの創作意欲がかきたてられ、生成りの和紙が持つ光沢や柔らかさを生かした粘土の人形をつくることに決めた。最初は趣味でつくるだけだったが、ある猫作品専門のギャラリーで評価してもらったのを機に、徐々に販売もするように。お客さんからの要望でトラネコや三毛猫、洋猫などもつくるようになった。細部にこだわり、ヒゲは本物の猫のように先端が尖っている素材を探し求め、足裏の肉球は型押ししてから彩色、白猫が付けている小さな鈴も粘土と金箔で制作。雑誌などを見ては面白そうな画像をスクラップし、ポーズの研究もしている。

4.自身で制作した机で作業

Data

住まい／掛川市　同居猫／無
購入方法／「これっしか処」（掛川市南1-1-1、JR掛川駅構内）で展示販売するほか、イベントは森町の「町並みと蔵展」など年数回、県内外に出展。1,500円～
問い合わせ／TEL090-3836-5417

ぷちまるギフト.

樹脂粘土

酔っ払ってぐでー、傍らにはビールと枝豆！

1

2

3

1.招き猫の表情に思わずこちらも笑顔になる　2.コンパクトなひな人形。場所を取らないのでどこにでも飾れそう　3.消しゴムはんこも制作

樹脂粘土との出合いがきっかけ ほっこり感いっぱいの猫たち

幼い頃からものづくりが好きだったというぷちまるギフト.さん。結婚してご主人が樹脂粘土でつくっているのを見て、興味本位でやってみたら「私の方がハマっちゃったんです」。最初の作品はおひなさま。友だちに見せたら褒められ、つくってほしいと頼まれ、そうして作家活動をスタートさせた。ぷち＝ちょこっと、まる＝ほっこりと広がる輪、ギフト＝贈りもの、の想いを込めて作家名を決めた。

猫に限らず人形や、ひな人形など季節ものも手掛ける。「下絵は描かず、頭の中でイメージしてそれを形にします」。樹脂粘土で成形、乾いて固まったものに、絵の具で顔を描いたり色付けする。ほっこり、癒されるような作品をつくりたい、というぷちまるギフト.さんらしい、ゆるい作風が魅力。「実は猫は苦手」だと告白してくれたが、これだけ陽のエネルギーにあふれた魅力的な猫たちを生み出すのだから、案外、猫好きなことに気付いていないだけかもしれない。

4.樹脂粘土を小さく器用に丸めていく

Data

住まい／静岡市清水区　同居猫／無　購入方法／作品は「マザームーン」（静岡市駿河区小鹿3-1-41）ほかで委託販売。メールでの購入、オーダーも可。8×8×10cmのケースサイズ3,000円～
問い合わせ／Eメールpuchimaru.gift@gmail.com

マシュマロ天国
樹脂粘土

こんがり焼き上がったパンに、かじった跡発見

つまんで食べたくなる パンやスイーツと合体にゃんこ

焼き立ての香りがしそうなパンやアメリカンドッグ、桜もちなどの和洋菓子が猫と合体した魅惑の食べ物をつくる「マシュマロ天国」の松田ジャムさん。キャンディサイズの作品はどれもおいしそうで、パンやスイーツが大好きだという言葉に納得。「猫の口元のぷくっとした膨らみもとにかく好き」で、なんとも愛らしく表現されている。

洋裁の仕事をしていた祖母の影響で、子どもの頃からいろいろつくってきた。家族そろって猫が大好きで、いつも家には猫がいる。創作は仕事が終わった夕方から夜にかけ、気分がのった時にまとめて行うタイプ。今後は羊毛フェルトの作品づくりにも挑戦していきたいそうだ。

Data

住まい／御殿場市　同居猫／3匹 にゃ〜

購入方法／「フジノヤマカフェ」（富士市中之郷3－1）ほかで委託販売。2カ月に約1回、富士市を中心にイベント参加。メールで注文受け付け。ブローチ300円〜ほか

問い合わせ／Eメールpaplico0@gmail.com

1

2

1.アイスや水まんじゅうなどのスイーツにゃんこ　2.小さなお客さんが多いため、おこづかいで買える範囲で金額設定

甘静舎
上生菓子

通常の上生菓子4～5個分。希望に沿って創作

練り切りを自在に細工し 小さな円の中に絵を描く

創業天明元（1781）年の和菓子屋を叔父から受け継いだ「甘静舎」の藤波一恵さん。専門学校で一から勉強し、自分らしい和菓子をと考えた時に、練り切りを使いもっと自由な上生菓子をつくってみたいと思ったそうだ。子どもの頃から絵を描くのが好きで、猫は丸いフォルムときれいな目に魅力を感じている。ハロウィンと正月に猫モチーフの上生菓子をつくるほか、オーダーで直径10㎝の中に独自の世界を描き出す。素材の練り切りは、求める色を出すのが難しい。また乾燥が大敵なため冬は暖房がつけられず、手がかじかんで動かなくなることもあるとか。完成した上生菓子は華やかで、お祝いや記念日の贈り物に最適だ。

Data

住まい／静岡市清水区　同居猫／無
購入方法／「甘静舎」（静岡市清水区江尻町4-26）で予約販売（2～3日前までに予約）。上生菓子１個230円～、オーダー1,300円～
問い合わせ／TEL054-366-5235

1

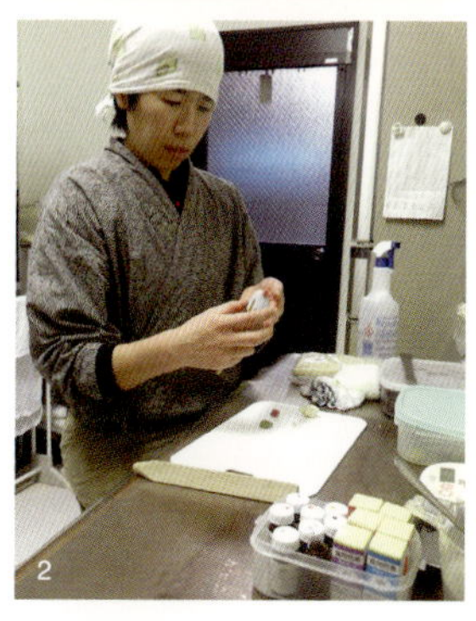
2

1.ハロウィン用。猫にくっついているのは、地元の伝説から店のマスコットになっているカッパ　2.作業は店舗裏の工房で

ときの工房
ねこの手

腕時計

文字盤のデザインをはじめ、ベルトの色や太さも希望を叶えてくれる。文字盤は写真も可

1.ショーケースに時計サンプルがずらり　2.真ちゅう板を糸のこで切り出し、磨きをかけて、本体部分を組み立てていく　3.サンドブラストで石に猫を描いてネックレスなども制作。プレゼント用に、時計とセットでパッケージも可　4.ピンセットで細やかな作業を施す

片腕に時を刻むにゃんこを連れて
楽しいタイムスケジュールを

スパゲティなど洋食が人気のログカフェ「MR.PAPA（ミスターパパ）」内。自然に囲まれたログハウスのデッキはご近所猫の特等席だ。カフェの一部は時計のサンプルを見られる空間として、閉店後は時計を制作する「ときの工房 ねこの手」としての役割を果たす。

小倉仁志さんは脱サラしてカフェをオープンした際、商売繁盛の意味を込め、看板ロゴを猫モチーフに。2014年からスタートした時計づくりも猫をテーマにしている。料理開発をはじめ、細々とした手作業が大好きな小倉さん。たまたまテレビ番組で時計が手づくりできることを知り、自分でもできるのではとやってみたのがきっかけだったという。フェイスから文字盤、金属細工に革ベルトまで、機械部分と針以外は全て手づくりで、3年間試作を重ねて完成度を高めた。「誕生日の数字を大きくしたり、文字盤に名前を入れたりと、皆さんがアイデアを持ち込んでくれる」。自分だけの価値を見出す姿を微笑ましく感じているそう。人が人を呼び、広がる腕時計の評判。ここにはやはり、「招き猫」が住みついているようだ。

Data

住まい／掛川市　同居猫／無　購入方法／カフェ（掛川市子隣283-45）営業時間内に来店か電話（木曜・第３水曜休み）。サンプルと同デザインは約1カ月、オリジナルはデザインを打ち合わせの上で完成日を決定。2万円～
問い合わせ／TEL0537-24-8483

みかんのぺんき
ワイヤーアート

下絵を描かずに、どんどんワイヤーを曲げていく。程よいかわいさが魅力

1. 器用にペンチを使って。滑らかな曲線が生まれる瞬間　2. スタンドにした木材とワイヤーの異質な組み合わせが絶妙　3. カードスタンド1,200円

ワイヤー文字で
つくられた名刺は
なんともいえぬ味わい

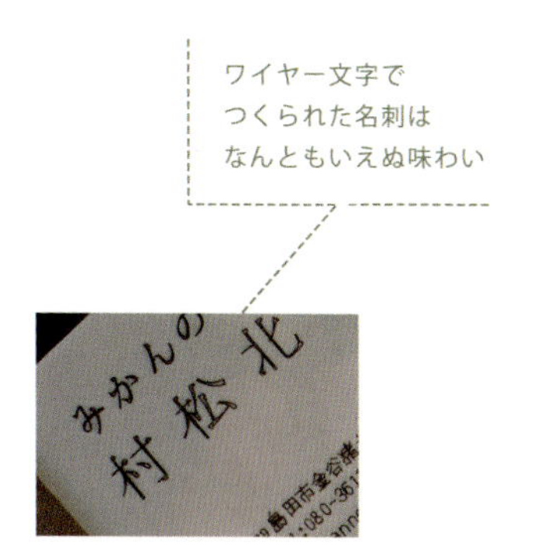

素材と向き合い、技をこらし
1本のワイヤーに命を吹き込む

静岡市の製作所で家具職人をしていた、「みかんのぺんき」こと村松北斗さんが針金を使ったワイヤーアートを始めたのは4年ほど前のこと。最初に花をつくってみたら、「あ、できるじゃん」。今は作品制作だけでなく、現在勤務する島田市の老舗工務店や地域のイベントで体験教室も行う。「家具職人だった時は、自分のカラーを見つけようという思いで家具をつくっていました。ワイヤーアートではリクエストに応えたい。それにはもっと技を覚えたい、そんな気持ちが強いです」。ものづくりの原点は同じだが、ワイヤーアートに出合い、より本質に近づき、楽しめるようになったようだ。

一筆書きのように線をつなげていくが、つくるものによって1本のワイヤーでは足りなくなることもある。「そうしたらもう1本足せばいい」と制約は設けない。ワイヤーは修正が利く自由な素材なので、そこが面白い、と話しながらあっという間に星を手にした猫ちゃんが完成。ちょっと無骨、でも味がある作品で見ていると心が和む。

4.とても楽しそうに制作。個性は作品に出る

Data

住まい／島田市　同居猫／無　購入方法／父親の工房「ささやき窯　楽友」(島田市金谷猪土居2803-5)で展示販売。オリジナルネーム、屋内表札などのオーダーも可
問い合わせ／TEL080-3611-6294

はんこやねこ
はんこ

温かみがある自然の風合いを生かしたはんこ

1.いかに字のバランスを崩し、絵を簡略化するか考える　2.「お客さんと話すのが楽しい。人生の勉強もさせてもらっています」

彫り上げるスピードも見もの 下書きせず文字や絵をはんこに

「はんこやねこ」さんのブースは自然に人が集まる。軽妙な売り口上、1本約3分半のスピードで、文字や絵が次々に彫られていく様子は見ていて気持ち良い。作家活動のきっかけは18年前、全国を旅した際に出会った彫刻家。人間性に惹かれ仕事を手伝ううち、彫刻に興味が湧いた。と言っても「彫刻家になろうとは思わなかった。映画『男はつらいよ』の寅さんのように、はんこを彫って小銭を稼ぎ、旅が続けられるといいなという感覚だった」。印材はリンゴの枝でつくり、木の癖を見極めながら下書きなしで彫っていく。彫る際は鏡文字になるが、特に頭で変換はせずに手を動かしていく。絵もリクエストになんでも応じる。

Data

住まい／磐田市　同居猫／１匹 にゃ〜
購入方法／年間15回ほど県内外のイベントに出展、メール注文可。1文字印2,500円、２～３文字印3,000円、絵入れ500円加算
問い合わせ／Eメールtebori@mail.bbexcite.jp

安田幸大（ゆきひろ）
切り絵

色鮮やかで笑顔にあふれた作品は、気分を明るくしてくれる

下書きせず、ハサミ一本で切り出す
色鮮やかで楽しい切り絵の世界

招き猫や七福神など100近いキャラクターが乗る宝船、四季の情景を描いた行灯、絵も字も切り絵の絵本など幅広く作品づくりを行う安田幸大さん。工作用のハサミを器用に使い、色紙を切っては貼り、あっという間に作品を仕上げていく。3歳で自閉症と診断された幸大さんが、切り絵に出合ったのは5歳の時。それまで座って何かをすることが苦手だったが、ハサミを持てば集中できた。最初は自分で描いた絵を切っていたが、1年後には下書きなしで切るようになっていた。2015年に作品発表の場と、自閉症の子を持つ親御さんを支える場になればと「アトリエ幸」を自宅にオープンし、作品を一般公開している。

住まい／湖西市　同居猫／無
購入方法／「アトリエ　幸」（湖西市南台4-2-50）でポストカードを1枚100円で販売
問い合わせ／TEL053-577-4524
（訪問希望者は要電話予約）

1

2

1.第二弾の宝船のために招き猫をつくりためる　2.ほぼ毎日アトリエで創作に熱中する。2017年春、学校を卒業して就職

「製紙産業の盛んな富士市で生まれ育ったので、紙を生かした作品をつくりたかった」

1.表面の凸凹も味わい　2.動物マスクは記念撮影OK　3.パーツごと丸めてガムテームで留め、合体させる。つくり方が分かれば修理も簡単　4.色柄や表情など、自分らしくカスタマイズできるのが魅力

猫と散歩をする夢を実現できる
自分でつくれば愛着も倍増

散歩しながら振り向けば、コロコロ着いて来る猫が上目遣いで自分を見ている…。猫好きにとって至福の時間が味わえるのが、現代美術作家としてさまざまな作品を制作している芦澤正人さんの「おさんぽシリーズ」だ。15年ほど前、商店街のイベントで店番犬をつくったのが最初。今は猫やトラ、象、巨大金魚、恐竜など普段一緒に散歩ができない仲間が続々登場。実際に触って楽しんでもらおうとイベントに参加したり、富士市内の動物病院や店舗などに設置し子どもに大人気だ。

作品は見て触れるだけではない。自身の絵画造形教室「アトリエパセリ」で、犬と猫のつくり方を教えている。張り子のようで一見難しそうだが、胴体を空洞にせず、新聞紙を丸めて形をつくり、和紙を貼った上に彩色してキャスターを付けるシンプルさだから子どもでも大丈夫。自分でつくるのが一番だが、苦手なら絵付けだけの体験やオーダーも可能だ。参加者は親子や孫にプレゼントしたいという年配者まで幅広く、自分でつくれば愛着もひとしおだ。

Data

住まい／富士市　同居猫／無
購入方法／「アトリエパセリ」（富士市石坂186-8）へ電話予約の上来訪。オーダーは子猫サイズ8,000円～
問い合わせ／TEL0545-51-1181※教室予約の詳細90ページ

VOYANT工房

消しゴムスタンプ

「テキスタイル出身なので派手な猫なんですよ」

1.スタンプ、木工オブジェを経て融合した作品「板ネコ」誕生　2.スタンプを押して絵画やポストカード、エコバッグなどを制作

スタンプを押して色を重ねる 独創的な色づかいが魅力

高台に建つ築52年の家は大きなガラス窓から陽が差し込む、当時は珍しいワンルームタイプ。園芸好きの母親が遺した庭はさまざまな草木が育ち、季節の移ろいを運んでくれる。この自然の息吹を感じる環境で感性を磨き、創作活動を行うのが「VOYANT工房」勝又有子さんだ。1981年、消しゴムスタンプの先駆者の一人として作家活動をスタート。消しゴムは最大A4サイズまであり、カッターナイフでスッスッと形を切り出す。作品は鳥や幾何学模様などのスタンプをいくつも重ね、色彩豊かな世界を紡ぎ出す独自のもの。猫の形にシナベニアを切り、アクリル絵の具でペイントした「板ネコ」も目・口や柄はスタンプだ。

Data

住まい／浜松市中区　同居猫／無 にゃ〜

購入方法／石牧建築事務所「SPACE SEVEN」（浜松市中区北寺島町214-23）で展示販売。板ネコ2,300円〜ほか

問い合わせ／Eメールvoyant_koubou@yahoo.co.jp

こはる
呼春
イラスト

呼春にゃんこは黒ぶちが女の子、茶ぶちが男の子

愛猫から届いた声に後押しされ 言葉を添えてイラストを描く

心配ないよ、大丈夫、もがいても迷っても自分の信じる道を進もう、とくじけそうな気持ちを優しく包んでくれる言葉に励まされる人も多い。呼春として活動する丸岡洋子さんは、実家でアメリカンショートヘアの桃太郎君を飼い始めたことから猫を描くように。3年前に桃太郎君は亡くなったが、アニマルコミュニケーターを通じて声を聴いた。すると作業机の前で自分を見守ってくれていて、「もっといっぱい描いて、多くの人をほっこりさせてあげて」と背中を押されたそうだ。作品は言葉が降りてきてから絵を描く。辛い時期を乗り越え、生きることの幸せをかみしめながら夢に向かう丸岡さんだから伝えられる言葉がある。

Data
住まい／浜松市浜北区
同居猫／無 にゃ〜
購入方法／「トリフォリウム」（浜松市西区入野町1900-34 1階）、「いもねこ」（詳細82ページ）で委託販売。ポストカード150円ほか、オーダーも可
問い合わせ／Eメール
maru-maru711@ezweb.ne.jp

1.「ああ分かる、私だけじゃない」と言葉に共感　2.机の前で桃太郎君がひなたぼっこしながら見ているそう

大内裕子
染色

1作品あたり4〜5色で仕上げるようにしている

Data
住まい／富士宮市
同居猫／4匹 にゃ〜
購入方法／自宅店舗「大滝寿し」（富士宮市外神東町241）で展示販売。タペストリー3,000円〜、オーダー可
問い合わせ／TEL0544-58-1228

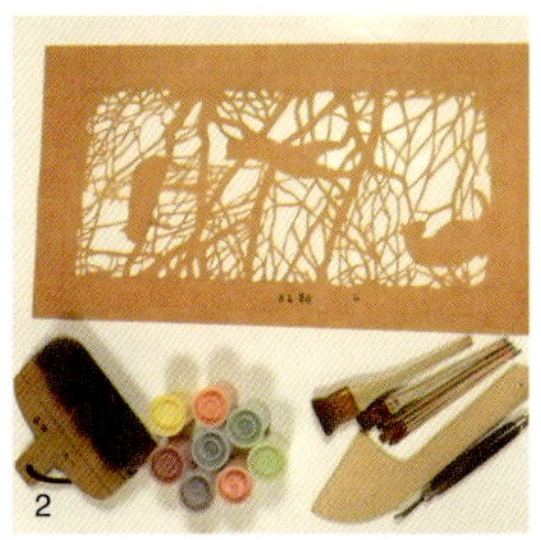

1.作品の参考に愛猫の写真を撮りためている。すぐにお座りしてしまうのが悩み
2.顔料はフイルムケースに入れて整理

愛猫4匹をモデルに 自然の優しい色合いで染める

植物を猫のシルエットに絡め、幻想的な世界を染め出す大内裕子さん。15年前ほど前、染色を始めた頃は「題材に花鳥風月を選ぶのが当たり前のような風潮がありましたが、せっかく時間をかけてつくるのだから好きなものをつくろうと。富士宮市の市民芸術祭に応募したところ芸術大賞がもらえ、それからは自信を持って猫作品ばかりつくっています」。4匹の愛猫をモデルにデザイン画を描き、渋紙で型紙をつくり、自然素材の顔料で色を付ける。集中して作業をしている時の“無”になれる時間が好きだ。「のびやかで愛らしい猫の作品を作れたらと思っています」。画力を上げようと、絵画教室へも通いだした。

FlosRANA
オーブン陶土

割れにくいようシルエットを工夫している

「フフッ、と楽しんでもらえたら」ブヒッとした表情がツボにはまる

猫用にリフォームした部屋で、3匹の猫と暮らしながら創作活動をする「FlosRANA（フロスラナ）」こと小野田友香さん。10年ほど前からキノコや生き物モチーフの布小物やアクセサリーを制作していて、今は猫ブローチも定番人気に。「目を細め、気を抜いている感じが好き。うちの子がブヒッとしているから、そういう表情になりますね」。ブローチはオーブン陶土を成型し焼き上げる。素材を決める際、研究熱心な小野田さんは1年半ほどかけ、さまざまな素材で試作して質感や経年劣化などを確かめた。鼻の横の膨らんだ部分がお気に入り。今後は布で立体の作品もつくってみたいそうだ。

Data

住まい／掛川市　同居猫／3匹 にゃ〜
購入方法／「shop-ohana」（浜松市浜北区平口495）、「K-Caliko」（袋井市豊沢168-49）ほかで委託販売、月1ペースでイベント出展。ブローチ600〜700円
問い合わせ／ブログ、フェイスブックから

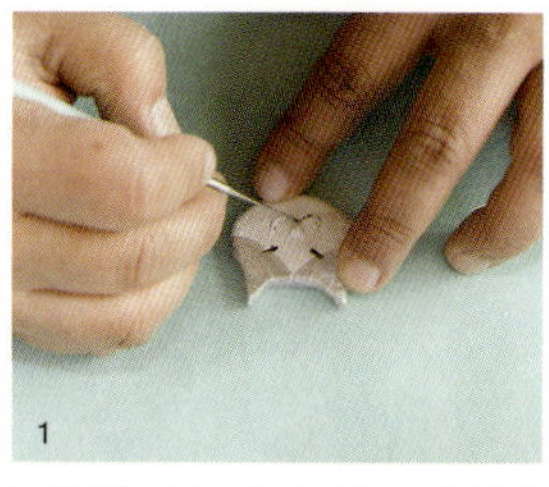

1.目は角度で表情が異なるので慎重に
2.周囲で猫がくつろぐ。「かわいくな〜れ」と魔法の言葉を唱えながら作業

自然のかけら堂
焦がし絵

電熱コテの温度を調節して濃淡を表現

1.色付きの作品はポップな雰囲気　2.焦がし絵の本領を発揮する板絵。オーダー可

「木の温もりを伝えたい」焦がし色の濃淡で毛並みを表現

「自然のかけら堂」こと西川菜々子さんは大学時代に動植物について学び、自然を素材に何か活動できないかと思ったそう。焦がし絵に出合い、これなら木の温かさを伝えられると、独自の世界観と向き合い創作活動をスタートさせた。木板を電動糸鋸で削り出し、やすりをかけ、電熱コテで絵を描いて、仕上げにニスを塗る。猫の輪郭は太いペン、毛並みや顔は細いペンで焦がしていく。毛並み１本１本まで細かく表現されている。木は焼き過ぎ防止にも、ある程度硬さがあった方がペン先を動かしやすいそう。材料も絵もここまでくるのには挫折の連続だったというが、完成した作品は手に優しく、しっかりと木の温もりが伝わってくる。

Data

住まい／富士市　同居猫／無　購入方法／直接販売ほか県内外のイベントに不定期で出展。ブログで常時情報公開中。ワンポイントブローチ1,500円～、ブローチ3,000円～、ペットの板絵はオーダーも可1万5,000円～

問い合わせ／Eメールkojopen2013@yahoo.co.jp

ひつじ工房
アクリル画

七宝焼きみたい

外出時はブローチやペンダント。部屋ではフレームに入れてインテリアに

Data

住まい／富士市
同居猫／３匹 （にゃ〜）
購入方法／直接販売のほか、静岡県内で開催のイベントに不定期で出展。ブローチ3,500円〜、フレームセット5,000円〜
問い合わせ／Eメール
hitsujikobo@sound.ocn.ne.jp

1.「華麗にゃる一族」シリーズのブローチ
2.保護猫３匹と暮らす。仕事は別部屋で

インテリアとしても楽しめる 思わず笑顔になれる猫ブローチ

本業はイラストレーターだけあって、「ひつじ工房」の大村育世さんが描く猫は表情豊かで自由気まま。七宝焼きのように見える作品は、アクリル絵具に不透明のポスターカラーを混ぜて絵を描き、ニスそして樹脂を塗ることで重厚感のある美しいツヤを出している。土台となる木は桧や樫、柿、竹などの軽い木。薄手の洋服に付けても重さで生地が引っ張られないようにとの配慮から。下絵をきっちり描いてから木の土台に描いていくが、ときには木の地肌を見てイメージが湧くことも。花や背景も猫と一緒に描き、猫のリラックスした感じがたまらなくかわいい。キャラクター設定することで自然にポーズも決まってくるのだそう。

手仕事工房
めだかや
型染め布張子

型紙さえつくれば、1点ずつ好きなデザインにできるのが型染めの魅力

「招福」の願いを込めた招き猫
型染めの素朴な風合いが温かい

型染め布張子という手法で遠州地方に伝わる綿布を型染めし、立体的な招き猫をつくる「手仕事工房　めだかや」の西村泰彦さん。10数年前、風呂敷や手ぬぐいを自分で染めてみたいと思ったことが型染めの技術取得のきっかけ。飾って楽しめるものをと招き猫をつくり始めた。平面と立体は勝手が違い、最初は縫い合わせ時の横幅を計算せずに細長い猫にしてしまうという失敗もあったそう。今でも新作をつくる際は一度縫って綿を入れ、確認してはやり直し、一筋縄では行かないと言う。

縁起物の招き猫は、知人の店の繁盛や家族の健康などさまざまな願いで購入される。「その想いをきちんと受けとめ、招福の道具としての猫をつくっていきたい」。2015年に心臓の大手術を受け生還してからその想いは一層強くなった。「手にした人に福を感じてもらえたら」と手間を惜しまず、色差し作業もあえて小さめの刷毛を使い、細かく何度も手を動かす。ちょっとムラのある、かすれた染め上がりが手仕事の温かさを感じさせる。

Data

住まい／掛川市　同居猫／1匹
購入方法／「喫茶と雑貨　かくれんぼ」(掛川市各和877)で委託販売、HP「手仕事工房 めだかや」で検索。23cm2,700円、15cm1,620円、12cm1,188円、オーダーメード・体験は要相談
問い合わせ／TEL090-4117-8878

1.布に下書きしたら綿を入れ確認する　2.図案を写し、型紙を切り抜く　3.名入れからオリジナルデザイン、愛猫の色柄にしたいなどの相談にものる　4.車庫に設けられた作業場は見学可。体験も受け付け

杉イラストレーション工房
布小物

Data
住まい／沼津市
同居猫／無 にゃ〜
購入方法／「ひねもすcafe」（沼津市魚町20）ほかで委託販売、県内外のイベントに出展、メールでの注文可。「どうぶつハンカチ」1,650円、ハンガーフック（顔）580円ほか
問い合わせ／Eメール
sugi_oohay@yahoo.co.jp

1.動物のほか人間も　2.図案を書き、サンプルをつくり試行錯誤。「普通に使えるけどなんか違うという楽しさを提供したい」

ちくちく施された刺しゅうはラメ入りの糸がかわいい

毎日をちょっと楽しくする雑貨
工作感覚で発想を形に

果物の皮をむいて読むメッセージカード、味気ないハンガーを一瞬でかわいく変身させる動物シリーズなど、思わず「何これ〜」と言ってしまう楽しい雑貨を企画する「杉イラストレーション工房」の杉澤佑美さん。「どうぶつハンカチ」は国産二重ガーゼの柔らかな使い心地に加え、ハンカチの先を穴に通して縛れば動物の顔が生まれるベビーグッズとしてもお勧めの品だ。2010年に会社を辞め、好きなイラストを描く仕事へ。雑貨はつくりためては月1ペースで県内外のクラフト展に出展。「小学校の時に図工の授業が大好きで、描くこともつくることもその延長」。パッケージも工夫し、ショップでの販売にも力を入れる。

おがみかずえ
染織

撚り(より)が甘くて太い糸のざっくり感と絵がマッチし、独特な味わいを生む

曾祖母の機織り機で布を織り 猫がいる静かな情景を描き出す

明治生まれの曾祖母の機織り機を譲り受け、布を織り、染色し作品づくりを行うおがみかずえさん。「1本ずつ経糸を通す準備は大変だけど、それができれば作品の80%はできたようなもの」とパタンパタンと快調な音を響かせ、目が詰まった麻の生地を織り上げていく。これに数回、媒染(ばいせん)と乾燥を繰り返して深い黒色に染め、地色を白く抜いて絵を描く。題材にするのは月や森などの自然と猫の組み合わせ。「吹いている風を表現したい。見る方に想像力を膨らませてもらいたいから、猫は後姿にしています」。作品づくりを始めた2000年当初から猫を描いてきた。しなやかで神秘的なところに魅力を感じている。

Data

住まい／御前崎市　同居猫／1匹 にゃ〜
購入方法／メールで注文受け付け。コースター(小)500円、タペストリー(小)2,200円ほか
問い合わせ／Eメールogami0116@hyper.ocn.ne.jp

1.バッグやポーチなどの布小物もつくる
2.織り機は壊れてバラバラになっていたものを、部品を調達して修理した

「ねこさまバッグ」のモデルは先代の猫ちゃん。上4,000円、下4,600円

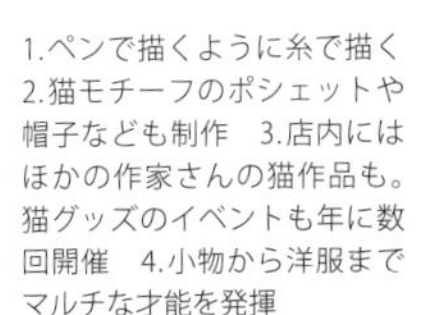

1.ペンで描くように糸で描く　2.猫モチーフのポシェットや帽子なども制作　3.店内にはほかの作家さんの猫作品も。猫グッズのイベントも年に数回開催　4.小物から洋服までマルチな才能を発揮

ミシンだからこその曲線
独創的な世界を切り開く

高校で洋裁を学び、2010年に作家として2012年にプロとして活動を開始した「ラ ポット テト」のオーナー、「テト」こと満井亜里紗さん。ミシン手刺しゅうは独学。手刺しゅうでもコンピューター刺しゅうでもなく、直線縫い機能のみが付いた工業用ミシンで、布を回しながら針を進めて絵を描いていく。きっかけは、かわいいイラストを手で刺しゅうしたところ納得がいかず、ミシンを使ってみたら周囲から面白いと評判になったことから。「きれいな丸みを描きたいと、滑らかさを追求した結果、ミシン手刺しゅうになったんです」。

布地の糸１本おきほどの細かさで、針が入れられるのはミシンを使うからできること。ただ針と布地の摩擦が大きく、ときには焦げ臭くなることも。縫い目が細かい分、縮みの計算が必要だし、完成目前に最後の一針で穴が開き作品をダメにしたこともある。猫好きのテトさんは、ミシン手刺しゅうの作品だけでなく、ファッション雑貨などもつくる。どの作品も猫への愛があふれている。

Data

住まい／静岡市葵区　同居猫／１匹 にゃ～
購入方法／「ラ ポット テト」（静岡市葵区鷹匠2-10-25 2階）で展示販売。
ぬいぐるみ2,500円、ポシェット2,700円ほか　問い合わせ／TEL050-3568-7710

あはは工房
編みぐるみ

大きさ約7cm前後のねこブローチは、イギリス製ツイード糸で編む。作品は童話のキャラクターも多い

1.甘さ控えめ「大人も使えるブローチです」 2.国産の毛糸と違い発色が抑えめで気に入っている 3.デザイン画は必ず描き、絵に描ければ編めるそう

色彩の豊かさが楽しい
愛すべきぶちゃいく猫

「あはは工房」こと岸本麻里さんの編み物歴は、小学2年生の時に母親から教わったことに始まる。結婚して子どもが生まれたのを機に、再び編み物にハマった。最初は花のヘアゴム、そのうち動物系の編みぐるみをつくるようになった。色彩の豊かさが目を引く作品は、かわいいけれどかわいすぎないテイスト。その秘密は毛糸の発色の大人っぽさにある。色使いに魅せられ、わざわざイギリスやアメリカから取り寄せていて、特にイギリス製ツイードの毛糸の抑えた色味がお気に入りだそう。

つくり方は、同じモチーフを2枚編んで貼り合わせ、目鼻を刺しゅう。「猫の目は角度とか目玉とか、ちょうどいい加減がなかなか決まらず、納得がいくまで何度もやり直します」と岸本さん。作業に没頭することもしばしばで、何時間やっても飽きることはないそう。薪ストーブの暖かさに包まれたログハウスにはあちこちに作品が飾られていて、不思議ワールドが広がっていた。

4. 作品によく似合うログハウスにお住まい

Data

住まい／富士市　同居猫／無
購入方法／直接販売のほか、静岡市駿河区の「駿府匠宿」で開催の「はぴままカフェ」などのイベントに出店。「おすわりねこのブローチ」2,500円～
問い合わせ／TEL0545-71-4125

一度つくった上から別の色をふわっと植毛して、モデル猫の複雑な色を表現

玉子型
カードスタンド

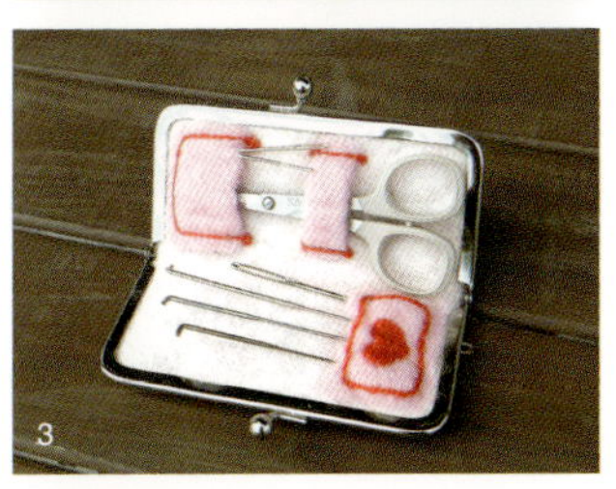

丸顔にピンクのほっぺの三頭身
足裏には柔らかな肉球も

イベントに出展するほか、ペットの写真から高さ10㎝程度の立体作品もオーダー制作する「なごみや」こと河村明乃さん。毛の色や柄などの特徴は反映させながらも、ピンクの頬にハートの鼻、ちょっと離れた目のバランスは河村さんならでは。足裏を見れば肉球付きで、ピンクか黒を選ぶことができる心憎い配慮あり。

羊毛フェルトの作品づくりは６年ほど前から。10年以上、純銀アクセサリー作家としてやっているが、あるときシルバーでしかつくれないキャラクター「はねぶた」を色付きで表現したくなったのが始まり。動物をモチーフにするのが好きで、猫は作品づくりを始めた頃、知り合いが連れてきた子猫が遊んだり膝の上で寝てしまった様子がかわいくて、そのときから。あまりに好印象が強かったため、その子猫のサイズ、表情が原型になっているそうだ。「犬と違い、猫の色・柄は自由度が高い。三毛猫は配色に正解がないから、柄にハートを入れるなどかわいくアレンジして楽しんでいます」。

Data

住まい／吉田町　同居猫／無
購入方法／県中部のイベントに出店、メールでも注文受け付け（オーダーは正面・左右・後の写真を用意）。ストラップ700円〜ほか、オーダー4,500円前後
問い合わせ／Eメールakiring7538@gmail.com

1.色柄いろいろ、飾れて掃除もできるクリーナー　2.黒猫の胸元を飾る純銀チャーム3,000円はブレスレットとしても使用できる　3.自身の道具入れも羊毛フェルトで手づくり　4.羊毛は大きなコンテナ2つにたくさんストックしている

猫鈴工房
羊毛フェルト

七転び八起き

Data

住まい／静岡市駿河区
同居猫／1匹 にゃ～
購入方法／「ラ ポット テト」（詳細60・61ページ）で委託販売（企画展時のみ）、年5回ほどイベント出展。おきあがり猫ぼし2,000円～ほか
問い合わせ／Eメール
Japanese_domestic@yahoo.co.jp

柄はさまざま、ハートなどの隠し模様も

1.革に羊毛を刺して肉球をつくる　2.猫が大好きなので、イベントで猫好きさんに話しかけてもらえるのがうれしい

ちょい悪の目つきがかわいい コロンと起き上がるちび猫たち

「いたずらしようと目がキランと光っている、小悪いイメージが好き」という猫鈴工房さんの猫たち。丸いフォルムの中に秘密がある、転がしても決して倒れない「おきあがり猫ぼし」は、手のひらで揺らしているとなぜか癒される。工程で一番気を使うのは表情を左右する目を付ける時。鼻を付ける段階になれば完成目前、「お前かわいいな～」とついツンツン転がして遊んでしまうそうだ。猫鈴さんが羊毛フェルトの作品づくりを始めたのは8年ほど前。偶然入った店でニードルを体験し、自分の猫の毛でやったら楽しいんじゃないかと思ったのがきっかけ。作品はほとんど猫。アイデアは仕事の合間などに思い付くそうだ。

ぷち・あみ
羊毛フェルト

色柄変えて十数種、珍しいシャムネコやサビトラも

型紙なしでイメージを形にする モデルは愛猫のおはぎちゃん

テーブルの上で作業を見つめる黒猫のおはぎちゃんは、構ってもらいたくなると猫パンチを浴びせてきたり、ニードルをくわえて逃げたり2歳のやんちゃ盛り。「petit*ami（ぷち・あみ）」こと望月ミチコさんはそんなおはぎちゃんが大好きで「似た子ができると私の成功」と笑う。マスコット制作を始めた10年前は、ニードルを使った羊毛フェルトの情報が少なく試行錯誤してつくってきた。かわいい中に顔の凹凸などちょっとリアルな要素を混ぜるのが望月さん流。表情は笑顔が基本。新作でも型紙はつくらず、頭の中でイメージを固めたらいきなり形にしていく。配色などに迷ったときの良き相談相手は娘さんだ。

Data

住まい／焼津市
同居猫／1匹 

購入方法／県外のイベントに出展。掲載作品のみメールで注文受け付け。猫ブローチ3,000円、ミニ猫ブローチ1,500円　※複雑な模様やアレンジは別途加算
問い合わせ／Eメール
piyo33@gmail.com

1.ポケットからちらっと覗かせたいミニ猫ブローチ　2.作業に集中しすぎて、おはぎちゃんと先住犬に促されて寝ることも

シェフシリーズの猫。7枚重ねのホットケーキがおいしそう

スイーツとの合わせワザ
愛らしさ倍増のコミカルキャット

二頭身のコミカルでかわいい作品をつくるポッケさんが、羊毛フェルトに出合ったのは10年ほど前。羊毛でスイーツをつくる教室に参加したところ、「食いしん坊で食べ物をつくるのが好き」でもあったことからハマった。動物は自己流。人気のホットケーキを手にした動物たちのシェフシリーズや、動物とパフェやかき氷が融合した作品などは本領発揮といえる。

作業は自身の作品が並ぶダイニングのテーブルで、子どもが下校するまでの時間に行うことが多い。動物など顔のあるものが好きで、まず発想したものを絵に描いてから立体にしていく。工程で楽しいのはバラバラにつくった手足や胴を組み立て、表情を考える時。ちなみに猫は耳の位置を決めるのが難しく、手間がかかるそうだ。以前から猫作品もたくさんつくってきたが、猫のかわいさに気付いたのは最近のブームから。現在は、教室や出張教室の講師をメインに活動しているため、自分の創作時間が確保しにくいのが少々悩みとか。

Data

住まい／浜松市南区　同居猫／無
購入方法／掲載作品は下記問い合わせから予約注文可。まねき猫3,000円〜　問い合わせ／ブログ内オーナーメールから（教室申し込みも受け付け）

1.教室でつくることができる招き猫　2.4つの単品をひもに通し、つるし飾りに仕上げる。1回の教室で1本つくる　3.尻尾はワイヤーを入れて曲げられるように　4.10カ所ほどの教室で講師を務める

狭い場所へ潜り込む感じ。こんなシーン「あるある！」

1.お尻と耳の後のハートがチャームポイント　2.体の丸みといい、ポーズといい、本物のよう

独学で学んだ羊毛フェルトで
リアリティある猫をつくる

羊毛フェルトキットで人形をつくったのが作家になったきっかけというnekokoroさん。すぐにキットでは物足りなくなり、飼っている猫をつくりたくなった。nekokoroさんがつくる猫は体の丸みといい、ポージングといい、生きているようで今にも動き出しそうだ。「猫ってシルエットがきれいなので、流れるようなそのラインにこだわっています」。手脚のぷっくりした感じなど、飼っている猫をよく観察して研究する。作品の『猫フレーム』は、大きなものは大変だからヒップだけなら楽かなとの発想から生まれたが、顔がないだけにバランスを取るのが難しく、上下左右を何度も見ながらつくるそうだ。

作品でいまだに納得がいかないのがヒゲ。ナイロンの糸を使うと先っぽがプチッと切れたようで、それが気に入らない。いろいろな素材で試作中という。「ヒゲもそうだけど猫の目も複雑で、ヒゲや目に満足できるようになったら、うちの猫をもう一度ちゃんとつくってみようかなって思っています」。

Data

住まい／静岡市清水区　同居猫／２匹 にゃ〜
購入方法／作品は「haco28＋」（78ページ参照）で委託販売。オーダーも可。10㎝サイズ5,400円〜
問い合わせ／TEL050-1040-0068（haco28＋）

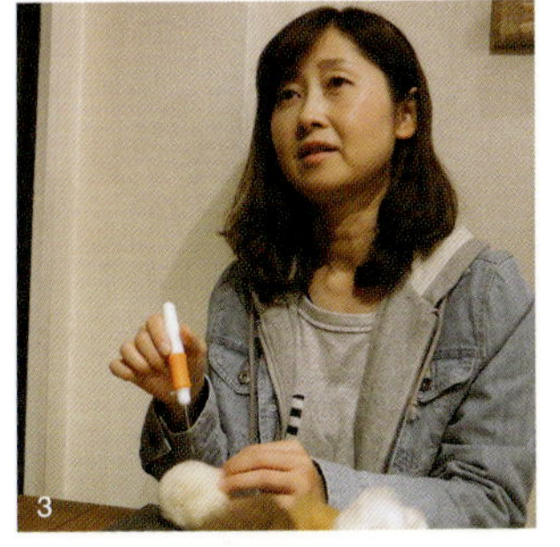

3.気分が乗った時に一気につくるタイプ

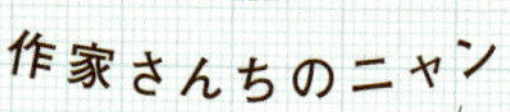

1 いそべまりこ

店長として浜松教室で采配を振るうこたまちゃん。前の飼い主に捨てられ、虐待されていたとは思えないほど、人懐っこくて穏やかな性格です。

2 ニャーゴ

おおらかで聞き分けのいいマカロンちゃんですが、原画を描いている時は邪魔します。作品内セバスチャンの姪ほたるちゃんのモデルです。

3 ち。/ chee.

お結びくんは昆虫を見付けると有能なハンターに早変わり。もずくちゃんと邪魔しにきては、隙間に入り込んで作業を見守ります。

4 晴れるや工房

マロンちゃんはお母さんに赤ちゃん抱っこしてもらうのが大好き。アメショーのミックス、タラントちゃんとモデル猫も務めます。

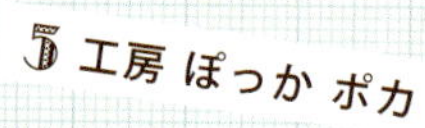

5 工房 ぽっか ポカ

人懐っこいシロくん、人見知りのクーちゃんは元野良の兄弟猫。シロくんは甘噛みしたりパンチしてきたり、やんちゃ坊主です。

6 石井薫陶

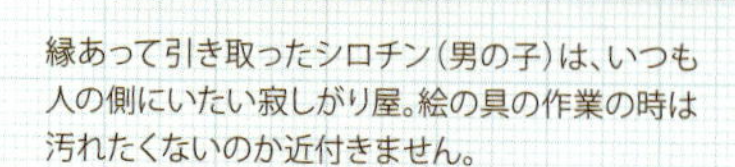

縁あって引き取ったシロチン（男の子）は、いつも人の側にいたい寂しがり屋。絵の具の作業の時は汚れたくないのか近付きません。

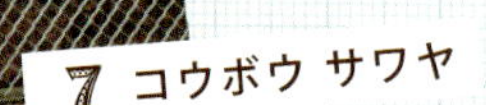

7 コウボウ サワヤ

牛柄だからウシーくん。「ウ」にアクセントを置いて発音を。瀬戸市から佐久間町の山の中に引っ越してきてワイルドキャット邁進中。

8 おちょこ

椅子に寝ているのがニャン太くん、作業台に乗っているのがせとちゃん。作陶作業は、まず2匹にどいてもらってから。

ハンドメードを楽しむ

あなたは見て楽しむ?
つくって楽しむ?
作家さんの作品やかわいい雑貨が手に入る、
編集部厳選のショップ&ギャラリーを大特集。
猫作品をつくることができる教室の紹介も。

ショップ、ギャラリー…74ページ
教室…84ページ

年に4〜5回、企画展を開催

佐山泰弘さんの手による40匹の「猫の宴」。自分に似ている猫をつい探してしまう

1.猫いっぱいの店内で時間の経つのも忘れそう　2.清水区の陶芸作家、佐藤富江さんの灯りとり　3.箸置きはプレゼントにしても喜ばれそう　4.厳かな雰囲気の阿弥陀如来は、海外にも知られる蝉丸さんの作品

Shop

ねこふく

作家さんとの出会いを大切にし
販路を増やすことも目的の一つ

　店内に一歩入り、ずらりと並んだ猫たちを見ると思わず歓声を上げてしまう。猫とふくろうのアート作品やクラフト雑貨を扱う店で、オープンして3年たった今は圧倒的に猫ものが多いそう。扱う作家数は50人あまり。さまざまな手法でつくられた猫たちは、どれも魅力たっぷり。「作家さんの魂が込められているようで、作家ものに命を感じる。そこがアート作品の面白いところ」と店主の堤昭さん。大勢の作家さんによるこれだけのアート作品を一堂に集めて紹介する店は珍しく、猫好きのお客さんが全国から訪れるほか、海外からも問い合わせがあるというのもうなづける。高価な作品から、小皿や箸置き、アクセサリーなど手頃な価格の猫グッズもあるので、プレゼント選びにも訪れたい。

Data

住所／静岡市葵区鷹匠2-13-21-2
営業／11:00〜18:00、火・水曜休み　電話／TEL054-275-2996

1.店内は3作家の作品がぎっしり　2.あぐらねこさんの作品はご主人が木材加工を担当　3.四季折々の猫を描くポストカード　4.話をしながらも新間さんの編む手は止まらない

あぐらねこさんのシルバーピアス

Shop

手作り市場 アン・マルシェ

サロンのように居心地がいい 猫好き店主が守る猫の秘密基地

12年前、作家さんが作品を持ち寄ったお店をスタート。5年前より店主・新間みち子さんの毛糸小物と、あぐらねこさんの雑貨に絞り、そこに、ねこまんまはうすさんのポストカードが加わった。新間さんが編む「ネコ帽子」は、かぶるとちょこんと耳が立つ。染色家・野呂英作氏が染める毛糸に魅了され、愛知まで足を運び、直に色を見て毛糸を買う。「深みのある色合いが好きで、編んでいると優しい気持ちになれるんです」。お客さんの年齢層は幅広く、男性客もいる。店でお昼を食べたり、何時間もおしゃべりしていく人も。居心地の良さは新間さんの温かい人柄にほかならない。

Data

住所／静岡市葵区鷹匠1-10-6 新鷹ビル2階
営業／10:00～17:00、水曜・年末年始休み
電話／TEL054-221-1151　にゃ～

1.店は猫部の窓口でもある。活動はブログで発信　2.独得な風合いのあみぐるみ　3.「さくらねこクッキー」は里親でもある地元の洋菓子店に特注　4.焼津の魚河岸シャツに猫柄を取り入れた氏原ゆか里さんの「猫河岸シャツ」8,000円～、「猫河岸チュニック」8,000円。冬期はバッグ類を制作

Shop

ブティック regalo（レガロ）

不幸な猫を減らすために尽力
猫グッズの売り上げは活動資金に

仲間と「猫部」を立ち上げ、殺処分前の猫の救出や、新しい家族を見つける活動も行う店主の岡田尚子さん。生後間もない子猫を保護した際は、数時間置きの授乳で寝不足が続く。店の一角で扱う猫グッズは、「猫河岸シャツ」をはじめ、活動に賛同してくれた作家さんのステンドグラス照明やあみぐるみ、保護猫をモデルにした「ポタリングキャット」の文具や雑貨など、売り上げは活動資金に充てられる。アイシングクッキーは桜の花びらのようにカットされた耳先に注目。ノラ猫の不妊手術を進める「さくらねこ」のPRのために企画した品だ。

Data

住所／藤枝市田沼1-17-1
営業／11:00～20:00、水曜休み
電話／TEL054-636-8827 にゃ～

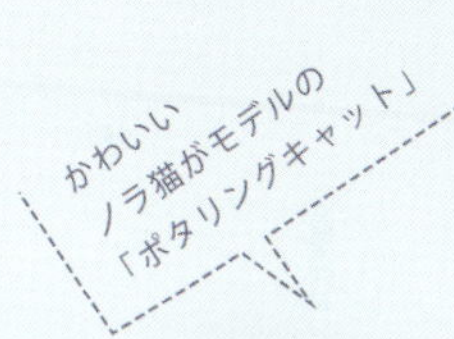

1.刺しゅう付きがまぐち、手描きの皿、革のキーケースなど作家ものの猫雑貨　2.趣きがある手づくり和時計は贈り物にも喜ばれそう　3.ほとんどが一点もののため、その時々で出合える作品が違う　4.makiさんも消しゴムはんこの作家さん。猫のイラストが入ったはんこが人気。オーダーも可

イラストをガリ版で布に刷り、刺しゅう

Shop

haco28＋(ハコニワプラス)

個性あふれる作家ものがいっぱい！宝探しのように猫アイテムを探して

約60人の作家さんのハンドメード作品を中心に、アクセサリーやインテリア雑貨、ベビーキッズ布雑貨など遊び心いっぱいのアイテムが店内にあふれんばかり。作家ものの猫グッズもたくさんあり、丁寧に店内を見ていくと、あちこちに猫アイテムを発見する。自分の好きなものを小さな場所に詰め込みたいと、makiさんが始めた店はオープンして7年目。作家さんを常時募集していて、作品や作風を見て店のコンセプトに合うものなら交渉成立。ホームページでは作品を出品中の作家さんの紹介や新作入荷情報を掲載。次はあなたが猫作家デビューかも。

Data

住所／静岡市葵区鷹匠3-8-4。
営業／11:00〜19:00、不定休
電話／TEL050-1040-0068

1.作家さんたちが自由に猫を表現　2.リネン服に刺しゅうで好きな絵柄を入れてもらえる
3.4.刺しゅうワークショップ1,500円（フレーム、持ち込みのものに施すことも可）

Shop MAMEMAME-YA（マメマメヤ）

ハンドメードの洋服や雑貨 作品づくりにも挑戦できる

玄関で靴を脱ぐ、民家を利用した店舗。1階では店長の種吉奈月子さんが母と友人でつくるリネン服をはじめ、猫モチーフのブローチや刺しゅう、木彫りなど30人ほどの作家さんの作品を販売。スイーツコーナーの猫型クッキーも人気の一品。2階はカフェメニューの提供のほかミシンの貸し出しやソーイング指導を行っていて、ドリンクを飲みながら自由に手づくりを楽しめる。月に数回、作家さんが講師となり各種ワークショップも開催。材料や道具は用意されているので手ぶらでOK。猫の刺しゅうフレームなどをつくることができる。

Data

住所／浜松市中区鹿谷町2-26
営業／9:00～16:00（土曜10:00～）、第2・4土曜、日曜、祝日休み
電話／TEL090-6762-8658
※ワークショップ、ソーイング指導は要事前予約

1.ソックスの色柄の生かし方が絶妙なソックドール1,404円～　2.自由な発想の作品づくりが魅力　3.蛇腹状の17ポケットで整理できるカードケース1,620円　4.「作家さんには1個でも持ってきてと言っています。子どもが小さくて働けない時期も、売れれば収入になるから」と松浦さん

肉球型
アクリルたわし

Shop

One time

手づくり雑貨、布小物、陶器など 宝探し気分でお気に入りを見つけて

アパートの一室を利用した店内に所狭しとハンドメード品が並ぶ。松浦静子さんがお子さんが幼稚園のとき、バザーの販売品づくりで手づくりの楽しさに目覚めたママ友たちと始めた店で、現在23人いる委託作家さんたちが各自のペースでつくりたいものをつくり、「One time」の共通タグを付けて販売している。アクセサリーや雑貨、陶器、子ども用品など幅広く、猫柄の布バッグや小物も多い。ソックスを利用した猫のソックドールはポーズや色柄により魅力が異なり、いくつも集めたくなる人気の品。次々に新作が登場するので何度訪れても飽きない。

Data

住所／浜松市北区初生町995-2 メゾン初生105
営業／週に平日の3日間、10:00～15:00（オープン日はブログで案内、月1回週末にイベント出展）
電話／TEL090-5607-7016

Shop

楓（TENO-HIRA）

作家それぞれの感性が楽しい

「手のひらサイズの幸せや楽しみを見つけてもらえたら」と店名「楓（てのひら）」に願いを込めた。県内外の作家ものを中心に陶器やアクセサリー、布小物などを集める生活雑貨店。猫をモチーフに選ぶ作家さんも多く、さり気なく猫の絵柄が入った食器や刺しゅうなど贈り物にも最適だ。

Data

住所／島田市中溝町2235-9
営業／10：00～19：00、日・月曜休み
電話／TEL0547-35-6060

島田市在住himinさんの刺しゅうブローチ

Shop

北川万年堂

所狭しと猫雑貨が並ぶ。作家展も開催

昭和初期に万年筆専門店として創業したが、3代目店主が猫好きなこともあり10年ほど前から猫雑貨に特化。店内はファッション小物やバッグ、食器、ぬいぐるみなど猫モチーフの商品で埋め尽くされている。作家ものも取り扱う。作品展も企画、毎年1月には猫のレザークラフト展を開催し好評だ。

Data

住所／静岡市葵区呉服町1-3-2
営業／10：00～19：00、水曜休み
電話／TEL054-253-1483

呉服町通りに面した店は、猫好きなら素通りできない。男性客も多いそう

1. ドリンクとクッキーが付く「ケーキセット」630円がお得。テイクアウトも可　2.猫がテーマの雑貨たち　3.ギフトにも喜ばれそうな焼き菓子各種　4.愛らしい猫がモチーフの「呼春」さんの作品も　　※写真2.4「雑貨カフェいもねこ」

Shop **いもねこ**

違いを互いに認め合おう
人も猫も種別を超えた思いやりを

　不登校生や広汎性発達障がいの子どもたちが通うフリースクールを手掛ける大山浩司さん。子どもたちの自立の機会をつくるためオープンしたのが、バリアフリーな福祉事業所「雑貨カフェいもねこ」「いもねこショップ」だ。店内には猫雑貨がずらり。カフェではランチや、種子島産安納芋や浜松産うなぎいもの「焼き芋」150円〜が味わえる。ショップでも販売している猫モチーフのスイーツも全て、健康な食材を使用。カフェで出迎えてくれる2匹の看板猫「はるちゃん」「ごますけ」はどちらも保護猫。

Data

雑貨カフェ いもねこ
住所／浜松市南区芳川町320
営業／10:00〜19:00、無休
電話／TEL053-570-3877

いもねこショップ
住所／浜松市東区天竜川町1044-1
営業／11:00〜18:00、無休
電話／TEL053-589-3080

Gallery

RYU GALLERY
（リュウギャラリー）

看板猫が待つギャラリー＆カフェ

人懐っこい看板猫のみみちゃん、ぽんた君が出迎えてくれるギャラリーでは陶芸家でもある山仲久美子さんが月2回、企画展を開催。「面白くて楽しいものにしたい」と幅広いジャンルの作品を取り上げ、2016年には猫展も。併設のカフェで作品の購入ができ、猫作品にも出合える。

刺しゅうや羊毛フエルト、染め、墨絵などさまざまな魅力の猫たち

Data

住所／富士宮市万野原新田3920-11
営業／11:00〜17:30、月曜・月2回火曜休み
電話／TEL0544-91-7043

Gallery

ギャラリー 富士うさぎ

素材が同じでも魅力はさまざま

陶器の器や人形を中心に企画展を開催するギャラリー。猫展と銘打ってはいないが猫を題材に選ぶ作家さんが増え、気付けば猫作品を紹介する機会が多くなっていた。新たな作品を求めて全国へ出かけ、会期中は頻繁に作品を並べ替え、リピーターも飽きさせない。手ごろな金額の作品が多め。

左上／陶人形 森田惠子さん
左下／七宝 平林義教さん
右／陶人形 竹内文子さん

Data

住所／焼津市大栄町2-3-35
営業／10:00〜17:30、休みは企画により異なる、1・8月は休廊　電話／TEL054-637-9202

教室で猫をつくる

自分でも何かつくってみたいと思ったら、
教室に参加してみませんか。
不器用でも大丈夫。
初心者歓迎の教室や一日体験を紹介します。

透ける光に輝くにゃんこ

広い倉庫を改装したカフェの中のアトリエで、初心者向けにワークショップを開催するTom cat・岩田のぶ江さん。体験用に猫モチーフの材料を複数用意している。好きな色ガラスを選び、縁に銅のテープを貼ってハンダ付け。光を通した時の美しさは格別だ。自由創作も可。

アトリエ　Tom cat

ステンドグラス

猫が大好きだという岩田さん。作品見本にも猫モチーフがいろいろ

Data

開催日時／第2月曜10:00～12:00、14:00～16:00、金曜10:00～12:00
金額／猫の作品づくり2,000円～（材料費込み）、自由創作1,800円（材料費別途）　※飲み物付き
住所／焼津市田尻1792、雑貨カフェM's café内
申し込み／予約TEL090-3467-4705

持舟窯

陶芸

風船引きのような丸みのある作品を、初心者でも簡単につくれる。販売は2,000円～

丸いフォルムがかわいい猫は、一輪挿しにも

目の前に広がる海を眺めながら陶芸が楽しめる。持舟窯・東川小夜子さんが生み出すユーモラスな猫たちは、胴体が空洞になっているので一輪挿しにもなる。販売作品だが教室でつくり方を教えてくれる。好きな猫を参考に手びねりで成形、色の指定まで。後日、焼成して完成。

Data

開催日時／水・木曜、10:00～13:00、13:30～16:30　金額／体験2,500円（粘土代500g、焼成代込み）※月謝・フリーチケットの受講も可
住所／静岡市駿河区用宗4-17-10
申し込み／予約TEL054-256-2804

アート＆クラフト　ユトリ

羊毛フェルト

100色以上から好きな羊毛を選んでつくれる。羊毛は1g10円で販売も

手のひらサイズのマスコット

染織や羊毛フェルトの教室を開く染織家・稲垣有里さん。羊毛フェルトの体験コースではふわふわの羊毛を専用針で刺し固め、自分だけの色柄のマスコット猫をつくれる。型を利用するので初心者でも上手に成形でき、約1時間で完成。ピンやゴムなどを付けてアクセサリーに。

Data

開催日時／火曜～土曜10:00～18:00　金額／1時間2,160円、2時間3,240円（材料費込み）住所／静岡市葵区紺屋町3-2 服部ビル地下1階
申し込み／予約TEL090-3587-1596（予約は21:00まで受け付け）

静岡虹色教室

彫紙(ちょうし)アート

色画用紙の重なりが生む
色彩の美しさ＆奥行き感

日常小物に添えて
オリジナル作品を
つくるのもすてき

下絵のどこにどの色を使うか決め、色ごとに彫っていく。色の数だけ画用紙が重なり深みが増す

彫紙アートとは、重ねた色画用紙をアートナイフを使って"彫り"、色の階層で描く日本生まれのアート。離れて見ると一枚の絵のように見えるが、近づくと紙が幾重にも重なった半立体作品なのが分かる。同じ下絵でも、選ぶ色により全く異なる雰囲気の作品に仕上がる。数多くの下絵が用意されているので、絵が描けなくても自分だけの作品がつくれるのが魅力だ。講師の田邊高広さん・美知子さんご夫妻は老後の趣味にと気軽に始めたはずが、ハマってしまい教室を開講するまでに。体験を随時受け付けていて、作品はフレームに入れてくれるのですぐに飾って楽しめる。

Data

開催日時／土・日曜10：00～12：00、13：30～15：30　金額／2,500～3,000円（材料・下絵代別）、体験1,000円（材料・下絵代込み）
住所／静岡市駿河区青木515-5
申し込み／電話予約　TEL090-9945-9906

1.捨て猫を保護するなど26匹の猫と暮らしてきた猫好きとあって、猫モチーフの作品が多い。作品は購入可
2.3.材料キットはコースター1,000円、手提げバッグ5,000円〜、抱き猫1万5,750円、立ち猫2万1,000円ほか

梅子の手縫い教室　**和布小物**

型紙不要、小ぎれを生かす オリジナル手法で自由に創作

工夫しながらつくることが大好きという小林梅子さん。創作の楽しさを広く伝えたいと毎週水曜に店舗を開放し、誰でも自由に作品づくりができる教室を開いている。

小林さんの作品は道具や型紙をほとんど使わず、手縫いが基本。「みんな型紙に縛られすぎ。型紙で裁断できない小さな布も、はいでいけば全部使える」と、絵を描くように布を縫い合わせる「お絵かきはぎ」を考案。教室では材料キットも用意しているが、形見の着物を生かしたいなど希望に合わせて教えてくれる。生地の選び方や色の合わせ方、簡単にきれいに仕上げるコツなど役立つ裏技も満載。

Data

開催日時／水曜10:00〜17:00　金額／1日2,000円(材料費別)、材料持ち込み可　住所／静岡市駿河区用宗3-6-26 工房MAMMY HOUSE(マミーハウス)　申し込み／予約不要。水曜以外は予約制(受講料は別途)　TEL054-258-5422

1.にゃんこモチーフのレジンアクセサリー　2.羊毛フェルト作家ポッケさんの教室も。招き猫など立体小物もつくれる　3.同店人気のマトリョーシカに、にゃんこ耳タイプ登場（販売のみ）

ちいさな雑貨店 シロツメクサ

アクセサリー・雑貨

作家たちセレクトの旬な素材で "今すぐ使える雑貨"を手づくり

住宅の軒先にある小さな雑貨店。店主の渥美美枝さんの作品や、大人かわいい個人作家たちの雑貨がそろう。お楽しみは「レジンアクセサリー」「がま口」「万華鏡」など7コースのワークショップが体験できること。希望の日時で予約、1〜2時間強で一つの作品が完成できる。素材が豊富に用意されているのもうれしい点。独自アレンジを加えた"世界に一つの作品"は、完成した時の喜びもひとしおだ。「作品づくりのポイントはストーリーを描くこと」と渥美さん。"お花畑とにゃんこ"など、世界観を見出せば作品に奥行きが生まれるのだとか。

花柄の耳がキュートな、携帯ポーチ

パーツをピンセットで慎重に配置

Data

開催日時／希望日時で予約可。営業は月・火・木・金曜の12：00〜18：00（不定期で土曜も営業）　金額／レジンアクセサリー1,200円〜、がま口さいふ2,800円〜ほか（材料費込み）　住所／浜松市北区根洗町1129-2　申し込み／電話予約　TEL090-6809-9728

1

1. 形や色だけでなく、そぼろやカレー粉を混ぜるなど味にも工夫　2. 目・口は細巻きを縦半分に切ったもので表現　3.2008年から東京に通って勉強し、翌年から教室開講

飾り巻き寿司教室
あかり

飾り巻き寿司

パーツをつくり、組み合わせる 切る瞬間のどきどき感がたまらない

花や動物、キャラクター、敬老祝いに鶴と亀、クリスマスにサンタなど見て楽しく、食べておいしい「飾り巻き寿司」。名付け親の川澄健氏が千葉県の郷土寿司に発想を得て、誰もが簡単にかわいくつくれるように生み出したものだ。川澄氏の元で学び、静岡県内初の川澄飾り巻き寿司協会公認講師として活動する松井亮子さん。レパートリーは150種類以上あり、新作も次々に誕生。プライベートレッスン・出張教室では要望に合わせて教えてもらえ、猫や肉球モチーフにも挑戦できる。パーツを組み合わせて巻き、切り口に現れる絵柄に一喜一憂するのが楽しい。

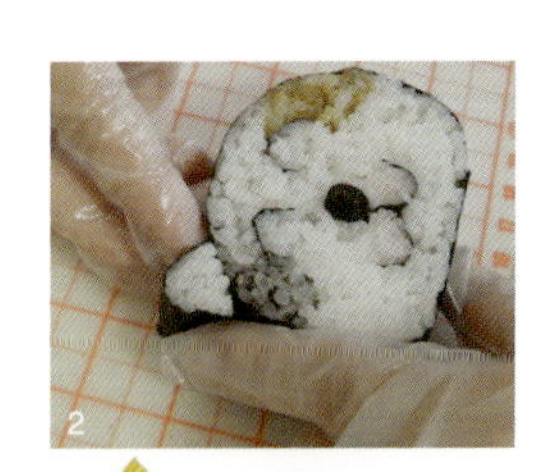

2

3

Data

開催日時／相談　金額／プライベートレッスンは1人～、1人約3,500円。出張講習は10人～（満たない場合は応相談）、1人約2,500円、交通費別途。　※どちらもレシピ・材料費込み、持ち帰り2本
住所／駿東郡清水町伏見154-1　申し込み／電話かメールで。
TEL090-2938-7143　Eメールmakisushi@rx.tnc.ne.jp

晴れるや工房

下絵が描かれた石で、デフォルメした石猫をつくる。受け付けは4人以上。

Data

開催日時／随時（日曜休み・不定休）　金額／半日（2時間30分）2,000円、1日（5時間）3,000円（材料費別、飲み物付き）

住所／浜松市天竜区春野町堀之内656-18

申し込み／電話予約TEL053-983-2055

アトリエパセリ

新聞紙と絵の具で、どこへでもコロコロ着いて来る「おさんぽ猫」を制作。

Data

開催日時／月・火曜午前、月・木曜夜（希望日を選択、2時間）　金額／全2回5,000円（材料費込み）

※出張教室は4人以上、金額同じ

住所／富士市石坂186-8

申し込み／電話予約TEL0545-51-1181

アトリエベベ人形教室

まずは人形キットを使い全3回でつくる体験教室（1万5,000円）へ。本科は月謝制。

Data

開催日時／焼津＝火・土曜、浜松＝金・土曜10:00〜16:00（昼休み1時間）　金額／月謝1回4,000円〜、入会金1万円

住所／焼津市三ケ名908-1、浜松市中区元浜町354

申し込み／電話予約TEL090-6589-6808

タオ陶房

手びねり、ろくろで好みの作品がつくれる。まずは体験教室2,500円〜。

Data

開催日時／月〜日曜9:00〜12:00、13:30〜16:30

金額／月謝4,000円、入会金5,000円（粘土・焼成費別途）

住所／三島市大場1086-273

申し込み／電話予約TEL055-973-2775

作家さんちのニャン

sakka sanchi-no nyan!

9 マシュマロ天国

先住猫を失い悲しみに沈む中、やってきたのがクロくん、ツナくん、ウニくん（写真左から）。みんな2歳のやんちゃ盛り。

10 大内裕子

茶トラのレオくん、黒猫のジジくん、ココくん、タキシード猫のルナくんは作品のモデルでもしばしば登場。水洗トイレが使える紳士です。

11 FlosRANA

サビおばあちゃんは猫ドアが苦手で、せっかく付けたけど普通のドアから出入り。ガブリエルくん、チョビちゃんのいい先輩です。

12 ひつじ工房

ツンデレのマリちゃん（写真）、人懐っこいフミちゃん、シャイなナチちゃんはほぼ同時期にここの子に。留守番は3匹いれば寂しさ知らず。

13 おがみかずえ

作品をつくる年代物の機織り機は、千夏ちゃんのキャットタワーでもあります。鉄棒の大車輪さながら、今日も元気にひと運動。

14 ぷち・あみ

机の上で長くなってくつろぐ、おはぎちゃんをずらしながら作業。ディスプレイ練習時には看板娘になりきり応援します。

15 猫鈴工房

王子様キャラのフワ様の言うことは絶対服従。真っ白なふわふわの抜け毛で「おきあがりふわぼし」を作ったのが作家活動の始まり。

16 アトリエ Tom cat

自宅で作業をしているとスーちゃんが邪魔しに来ます。仕事に夢中になっている時の膝の上が大好きです。

Sweets

かわいくて食べられな〜いと
声が聞こえてきそうな、
猫モチーフのスイーツを大特集。
猫好きさんへのプレゼントにも最適！

親子ならダブルのおいしさ

全粒粉や豆乳など自然本来の味を大事にしたシンプルドーナツにチョコレートがけ。三毛、クロ、トラと黒ゴマの子猫が乗った親子の4種類。1個250円、親子400円。

浜松市南区頭陀寺町322-2
TEL053-570-8080
10:00〜19:00、不定休

おすまし顔がキュート

ホワイトチョコの中にトロッとした塩キャラメルソース入り。ぷっくりした"ひげぶくろ"がかわいい「にゃんこチョコ」1個237円。

浜松市中区葵西2-3-58
TEL053-439-8936
10:00〜20:00、火曜休み

ひだまりCafeえむ

フルーツたっぷり上品パフェ

甘さ控えめ、季節のフルーツをたっぷり飾った「白ネコのフルーツパフェ」。夏はマンゴー、秋はキャラメルりんごなども登場。600円。

浜松市浜北区内野1501
Mハイツ209
TEL053-585-2103
10：00～17：00、日曜休み・不定休

すずとらCafe

足型だってかわいい看板猫

店主の愛猫がモデル「すずとらちゃん」が、スイーツをかわいく演出。旬の「みかんのチーズケーキ」1カット540円、ずっしり食べごたえの「すずとらちゃんケーキ」1個600円、溶かしバターたっぷり「肉球フィニャンシェ」1個130円。

静岡市葵区伝馬町10-1
ヴィラ伝馬町2階
TEL054-251-0200
10：00～22：00（日曜・祝日～21：00）
無休

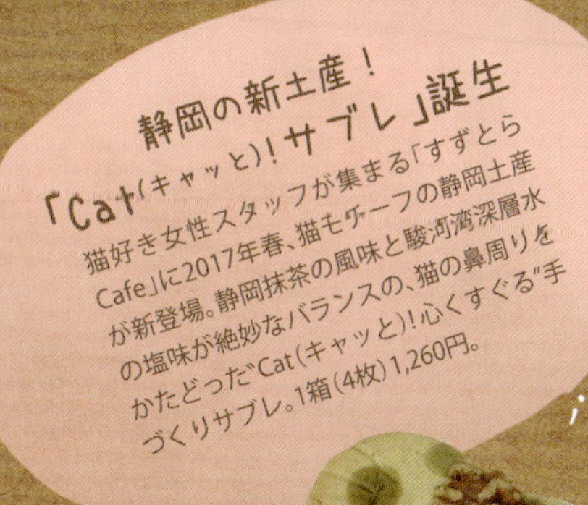

静岡の新土産！ 「Cat(キャッと)！サブレ」誕生

猫好き女性スタッフが集まる「すずとらCafe」に2017年春、猫モチーフの静岡土産が新登場。静岡抹茶の風味と駿河湾深層水の塩味が絶妙なバランスの、猫の鼻周りをかたどった"Cat(キャッと)！心くすぐる"手づくりサブレ。1箱(4枚)1,260円。

新年は和菓子で "猫はじめ"

練り切りあんの優しい甘さの上生菓子。お年賀セットの常連メンバー、にゃんこが新年に福を招く。単品オーダーも可、1個230円～。

静岡市清水区江尻町4-26
TEL054-366-5235
10：00～18：00、水曜休み

チョコが引き出す瞳の魅力

薄めに焼いたクッキーでホワイトチョコをサンド。チョコの白が印象的な瞳に一役。肉球型はココア生地がアクセント。1枚100〜130円。

静岡市葵区鷹匠2-4-25
TEL054-254-0640
8:30〜18:30、日曜・祝日休み

3匹それぞれキメポーズ

ふわふわの白ネコに、ちょこんとお座りしたクロとグレーの3匹。アイシングの食感が良い、繊細で上品な一品。1枚380円、予約生産。

静岡市清水区三保1710-2
TEL054-334-5705
10:00〜19:00、水・木曜休み

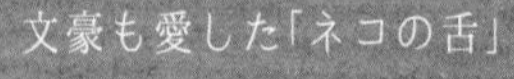

文豪も愛した「ネコの舌」

文豪・谷崎潤一郎も愛したという、バターと卵をたっぷり使った優しい甘みの「ネコの舌」。名前の由来は形、感触が子猫の舌に似ているからとか。1袋(130g)594円。

熱海市渚町3-4
TEL0557-81-4461
9:30〜18:00
木曜・第1日曜・第3水曜休み

素朴な味わい6スタイル

ちょっと懐かしい気分になる、シンプルに焼き上げた甘さ控えめの猫型クッキー。1袋(6枚)500円。

浜松市中区鹿谷町2-26
MAMEMAME-YA内
TEL090-6762-8658
9:00〜16:00(土曜10:00〜)
第2・4土曜、日曜・祝日休み

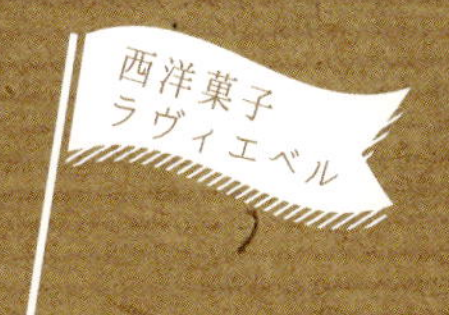

ほんわか笑顔のおすそわけ

笑顔に癒される「スマイルにゃんこ」。常時10種類ほど、色柄、表情は村松シェフの気分次第。どんな子に出合えるかは、店に行ってからのお楽しみ。1枚248円。

焼津市祢宜島35-3
TEL054-623-7203
9:30〜19:30、月曜休み
(祝日の場合は翌日休み)

アトリエやまこ

つぶらな瞳で見つめるニャン

招き猫、トラ猫などさっくり軽いクッキーに5種類のニャンコを型取る。瞳のキラキラに視線は釘付け。立ち姿389円、その他420円。

浜松市中区砂山町320-2
遠鉄百貨店新館地階
TEL053-457-6522
10:00〜19:30
遠鉄百貨店の定休日に準ずる

いもねこ

そのスマイルに癒される

安納芋クリームのデコ、中からクルミが登場する「いもにゃん」390円（左上）、イチゴジャムなど3層の上に抹茶ムースを隠した「いもねこのいちごと抹茶のプラン」390円（右上）、「ちびねこクッキー」はプレーン・ココア・竹炭の3種1袋390円、「あしあとクッキー」1袋190円。

雑貨カフェ いもねこ
浜松市南区芳川町320
TEL053-570-3877
10:00～19:00、無休

いもねこショップ
浜松市東区天竜川町1044-1
TEL 053-589-3080
11:00～18:00、無休

リュバン

ふっくら肉球、誰の手？

スティックの猫の焼き印にも注目のマドレーヌ「にゃんぱんち」1本360円、夏季限定「ひんやり肉球」1本250円は果汁たっぷりの冷たいジュレバー。どちらも定番プラス季節の味も登場。

静岡市駿河区栗原35-2
リュバン日本平店
TEL054-264-2626
10:00～19:30、水曜休み

マックスバリュ 函南店

モデルは「シロにゃん」

「かんなみ猫おどり」のキャラクターを、カスタードとホイップたっぷりのパイシューで表現。「シロにゃん丹シュー」1個129円。

田方郡函南町間宮341
TEL055-978-5811
24時間営業、無休

つくってみよう。
私だけのニャン

作家さん8人が読者のために教えてくれた、

猫作品の特別レシピ。

これであなたも作家の仲間入り！？

つくってみよう！

石猫（キジトラ）

石の丸みを生かし、アクリル絵の具で描く。
上目遣いの表情がかわいい。

教えてくれたのは

晴れるや工房　（詳細18.19ページ）
ご夫婦、娘さんの3人でそれぞれ趣きの異なる石猫の作品づくりに取り組んでいる。

ワンポイント

下地に白色を塗るのは発色をよくするためだが、塗らずに石の風合いを生かしても良い。

用意するもの

アクリル絵の具／下地＝白色、体＝こげ茶色、目＝黄色・黒色・茶色・黄土色、耳＝ピンク・白色・小豆色、鼻＝ピンク、毛＝白色、模様＝黒色・あればソフトブラック
筆／平筆12号・丸筆２号・細筆、鉛筆、石、ドライヤー（絵の具を乾かすのに使用）

1、作業前に、石に下地の白色を塗り乾かしておく。バランスをみながら上側に顔、手前側面に前足、横側面に尻尾の下絵を描く。

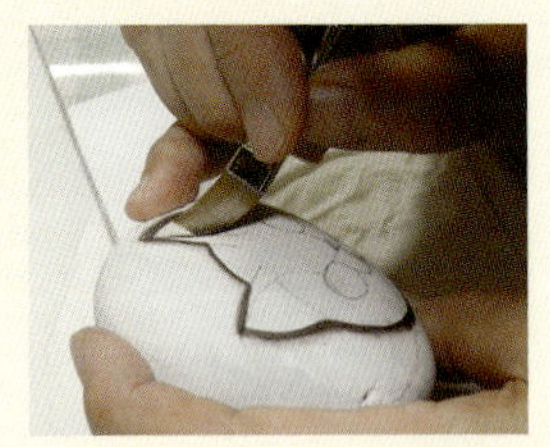

2、平筆の片側にソフトブラックを付け、絵の具が付いた筆先が内側になるように押し当て、下絵の線をなぞる。線の外側ににじんだ影が薄く出るとベスト。

3、線の外側に影を出す描き方は初心者には難しいため、普通に輪郭をなぞるだけでも大丈夫。

4、体のベースになるこげ茶色を塗る。キジシロなら口元と胸は白のまま残しておく。色を重ねる時は、乾いてから塗るようにする。

5、細筆で耳と鼻にピンクを入れ、目に黄色を塗る。輪郭で引いた線の境を塗る時は慎重に。線の上を塗ってしまった場合は、後で修正すれば大丈夫。

6、耳に奥行き感を出す。小豆色に水を含ませ、薄めの色で下から上へシュッシュッと線を描く。次に水をつけずに同じように引く。少しにじむ程度が良い。

7、黒色で瞳孔を描いたら、瞳孔の輪郭に沿って黄土色のラインを入れる。

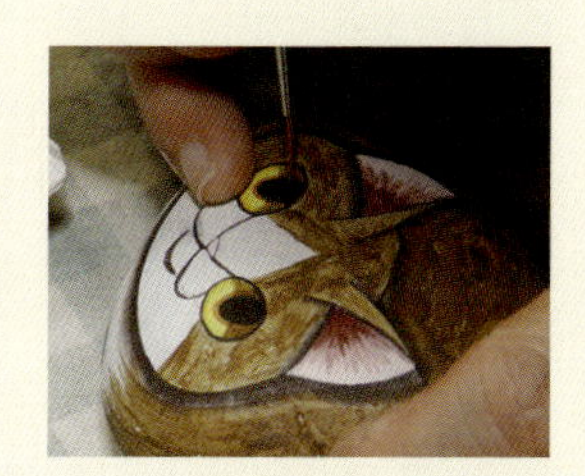

8、上目遣いでまぶたの下側に影が生じるのを表現するため、瞳の上部、黄色の部分に茶色を薄く重ねる。

9、白色を7で引いた黄土色のラインの下に沿わせて入れ、瞳に白色の点を入れる。点は絞り出したばかりの絵の具を楊枝の先に付けてやると上手くいく。

10、模様を描く。黒だけでもいいが、ソフトブラックを混ぜた方が実際に色に近付く。線はギザギザと入れていく。尻尾の先は塗りつぶす。

11、瞳を囲む黒い線の外側上部に、線に沿って白いラインを入れる。

12、耳の毛を白色で、内側から外側に向かい入れていく。実際は耳の横に生えているが、内側にも入れたほうが雰囲気良く仕上がる。

13、耳の付け根は短い毛を、白色で下から上へ並べる。

14、細筆に白色をとり、黒色の模様に沿って全体に短い毛を入れていく。額は眉間から放射状に。難しければ省略しても可。

15、鼻の横の膨らみを表現するため、かすかに色が出る程度に水で薄めたソフトブラックを下側の輪郭線下に入れる。最後にヒゲを左右5本ずつ描き完成。

つくってみよう！

羊毛フェルトのマスコット

自由な色使いで夢の国の猫に。
ピンなどを付ければアクセサリーにも。

教えてくれたのは
染織ユトリ　稲垣有里さん
羊毛の作品づくりは美大の時から。「猫って体も肉球も、どこを触ってもフニャフニャしていて好き！」

ワンポイント
「かわいくつくるには、目力と愛情が大事」と稲垣さん。目はビーズにしてもすてき。

用意するもの
羊毛（全部で3g前後。今回使用色は黄色・水色・黄緑・オレンジ）、フェルト針（ニードル）レギュラーサイズ、マット、ブローチ用のピンや髪飾り用のゴム

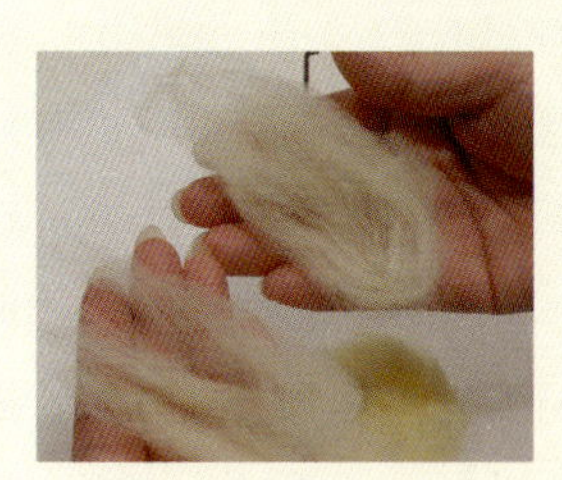

1、羊毛を少しずつ手に取り、繊維を縦・横交互に数回重ね、ふんわりと顔の大きさぐらいにまとめる。耳の分と調整用は残しておく。

2、顔の大きさをイメージしながらニードルで刺し固める。型をつくりその上に羊毛を置いて作業をすると、思い通りの形にしやすい。

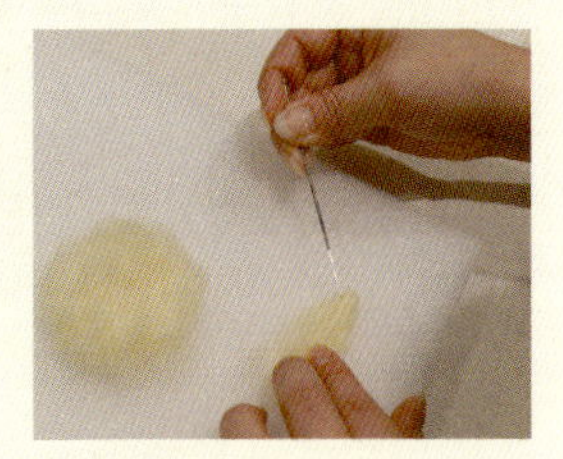

3、顔がある程度できたら、残しておいた耳の羊毛を二等分し、折り畳んで片側だけ三角形にする。片側はそのままにしておく。

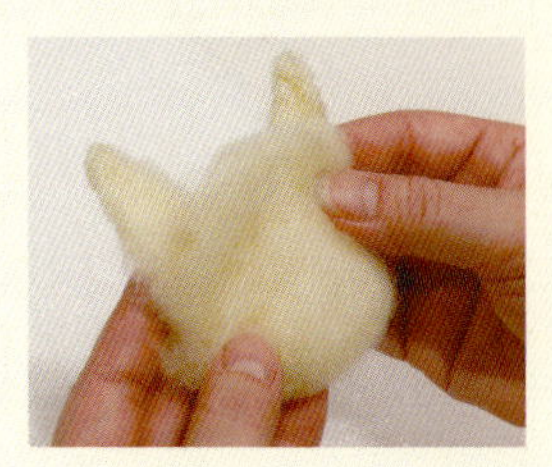

4、顔に合わせて取り付ける位置を決める。表にする面は最終的にきれいにできた面を選べばいいため、表裏は気にしなくて良い。

5、手で触り厚みを確認しながら、薄い部分は羊毛を足し微調整を繰り返す。側面も刺して整えていく。

6、目の水色をアーモンド型に置いてみながら位置を決める。後で瞳を入れる時に調整するため、この段階ではふわっと付けておく。

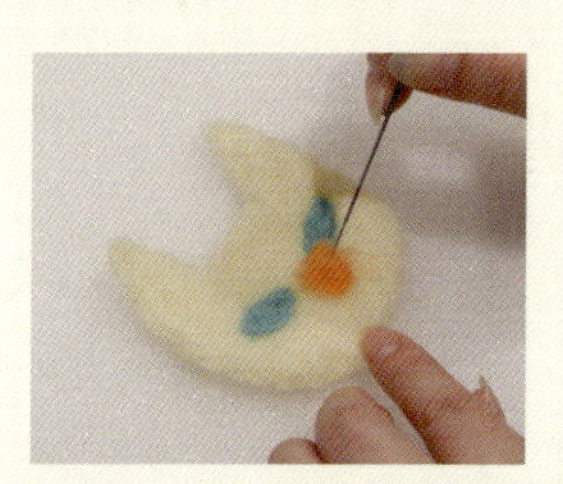

7、鼻のオレンジを載せ、逆三角形に刺していく。目と鼻のバランスを確認し、もし位置を変えたい場合ははがしてやり直す。

8、瞳の黄緑を二等分して目の中心に置き、幅を調整しながら刺していく。両目のバランスを確認し、必要があれば羊毛を足す。

9、口に使う黄緑をよって、10㎝程度のヒモ状のものをつくる。

10、半分に折って輪の方を鼻の下に置いて刺していき、余った部分はカットする。

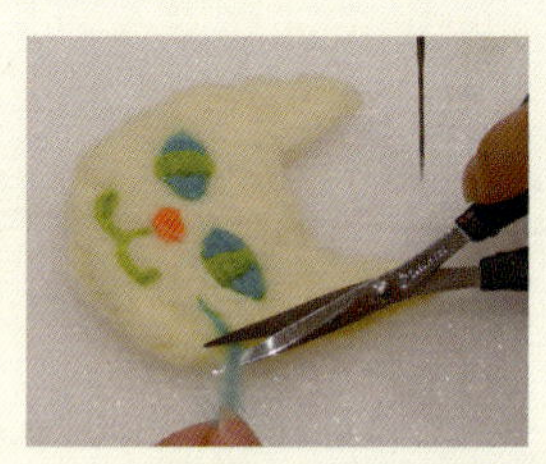

11、ヒゲも口と同じように付ける。羊毛のヒモは長いまま使い、内側から外側に向かって刺してはハサミでカットしていくと楽。

12、柔らかな風合いが気に入れば、この段階で完成。残った羊毛で、花などを付けておしゃれをさせても良い。

13、もっとフェルト化したい方はちょっと熱めの湯に浸し、食器用洗剤を付けて柄がずれない程度にこする。定着したら、すすいでよく乾かす。

つくってみよう！

羊毛フェルトの肉球ストラップ

柔らかな肉球をぷにぷにすれば気分が癒される、
ころんとかわいいストラップ。

教えてくれたのは

ポッケさん
（詳細68・69ページ）
動物やスイーツのかわいい作風が子どもにも人気。羊毛フェルト作家、講師として活動。

ワンポイント

ぶら下げるには強度が必要なため、たくさん刺して中心までしっかり固める。なるべく硬めにして丈夫にすること。

用意するもの

羊毛（白２g前後・ピンク0.5g・好みの柄用の色少々）、フェルト針（ニードル）レギュラーサイズ、マット、ストラップ用の金具

1、白色の羊毛を折り畳みながらきつめに巻き、最初は針がスポンジに刺さるくらいまで、丸くなってきたら中心に向かって浅めに刺す。

2、手のひらにする方を決め、上から刺して平らにする。

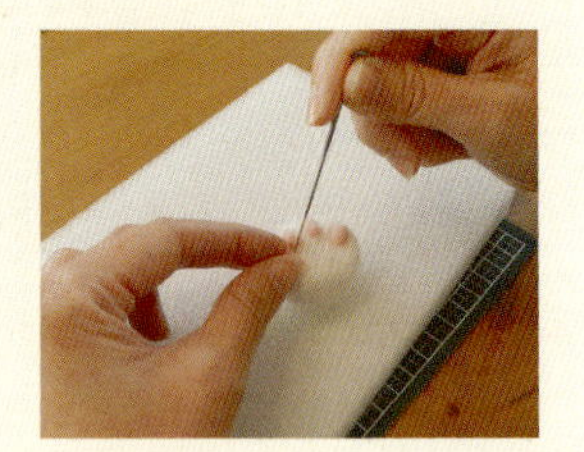

3、ピンク色の羊毛を小豆くらいに丸めたものを4つつくり、手のひら側に刺していく。

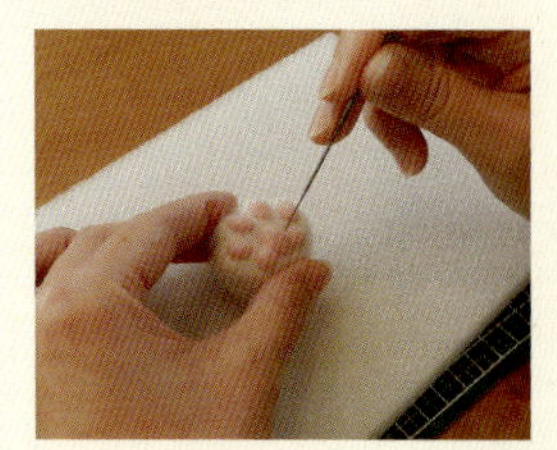

4、さらにピンクの羊毛でしずく型を1つ、小豆型を2つつくり、しずく型を挟むように小豆型を付ける。

5、指をつくる。上の4つの小豆型の間から、裏側に向かってニードルを刺し、筋を３本入れる。

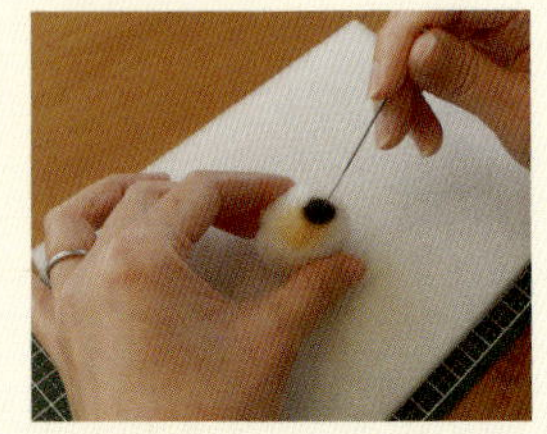

6、裏側は好きな柄を入れても、そのままでも良い。ストラップにする場合は金具を取り付ける。

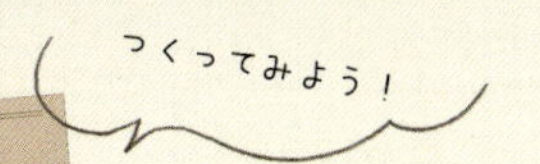

消しゴムスタンプの猫カード

切手を貼って郵送できるインパクト満点のカード。届いたら、穴を開けてモビールでも楽しめる。

教えてくれたのは

VOYANT工房　勝又 有子さん
（詳細50ページ）
消しゴムを使ったスタンプ作家として数々の作品を生み出している。

ワンポイント

工程2はトレースせずに消しゴムに直接イラストを描いてもいいが、スタンプを押したときに反転することを忘れずに。

用意するもの

カラーボード（今回使用サイズは縦210㎜・横30㎜・厚さ1㎜。封筒で郵送する場合は封筒の大きさに合わせて用意）、濃い鉛筆、トレーシングペーパー、消しゴム、カッターナイフ、スタンプインク（黒、好みの色）

1、カラーボードにイラストを描き、切り抜く。同じ形で何枚かつくる場合は、別紙で型紙をつくり、輪郭をなぞって描くと楽。

2、トレーシングペーパーに猫の絵を濃い鉛筆で描き、スタンプサイズの消しゴムに当て上から強くこすって転写する。

3、鉛筆で文字を書くようにカッターを持ち、線に沿って1㎜くらいの切り込みを入れ、刃を横向きに持ち替えて周囲を削り取る。

4、消しゴムの角をカットして面取りする。顔に使う目の丸と、口の横棒のスタンプも用意。顔の大きさに対してバランスに注意する。

5、猫スタンプの目をコンパスなどの先端を使って開ける。試し押しをしながら汚れている部分や形を修正していく。

6、消しゴムスタンプの上からスタンプインクをポンポンとつけ、カラーボードのカードに押して仕上げる。

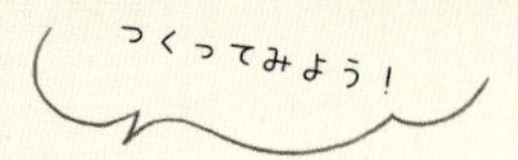

オーブン陶土のブローチ

家庭用のオーブンレンジで焼く、
土の温かみにあふれたアクセサリー。

教えてくれたのは

FlosRANA　小野田友香さん
（詳細53ページ）
オーブン陶土を使って大好きな猫、きのこをつくる。「眠くなって目を細めている表情が好き」。

ワンポイント

細い部分や出っ張った部分は折れたり、引っかかりやすいので、輪郭を描くときは注意。

用意するもの

オーブン陶土、釉薬（ツヤ仕上げ剤）、マット加工用液、アクリル絵の具（白・黒・シルバーほか好みの色）、筆、極細の目打ち

1、陶土を筒状のものを使って、約５㎜の厚さに伸ばす。

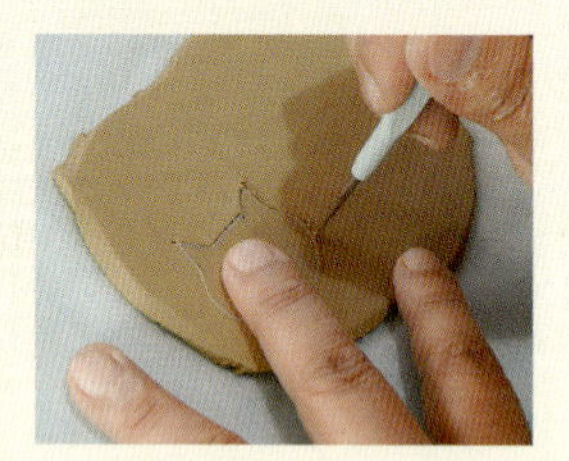

2、厚紙などでつくった型に沿い、目打ちなどで猫の形をとる。フリーハンドでもいい。出来上がりは縮むので少し大きめに。

3、縁のエッジを、水をつけた指でなでて整える。

4、鼻の場所に、小さな逆三角形の鼻の形を押し込みつつ付ける。

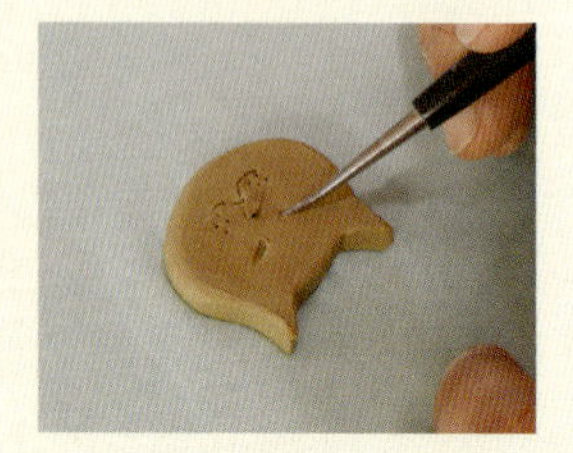

5、目打ちの先に水をつけながら顔を描く。仕上げに、軽く水を含ませた筆でならして滑らかにする。

6、風通しの良い場所で約3日間乾燥させる。白く色が変わり、軽くなったらOK（左が乾燥後）。きちんと乾かさないと割れる原因に。

7、クッキングペーパーに並べてオーブンで焼く（160度で約40分、焼成時間は各オーブンにより異なる）。

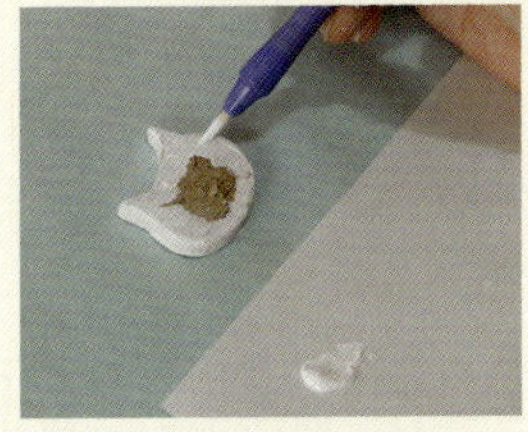

8、ベースの色のアクリル絵の具を出し、水を加えずに表とサイドを一度塗りする（今回は白ベースの猫を作成）。

9、同じ色で二度塗りし、三度目は同色のメタリックを使うと質感に華やかさが出る（二度塗りまででも良い）。

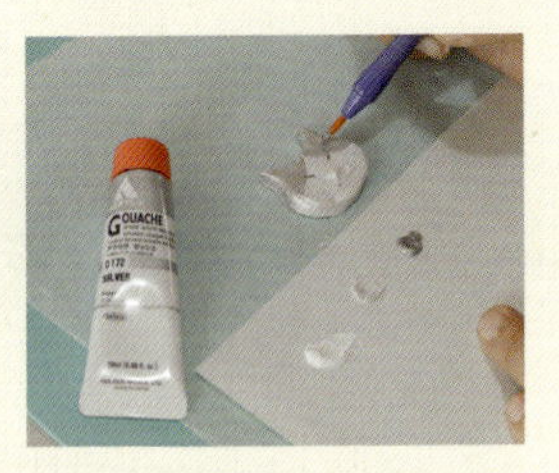

10、好みの柄を描く。アクリル絵の具はすぐに乾くため、色を重ねるのが楽。

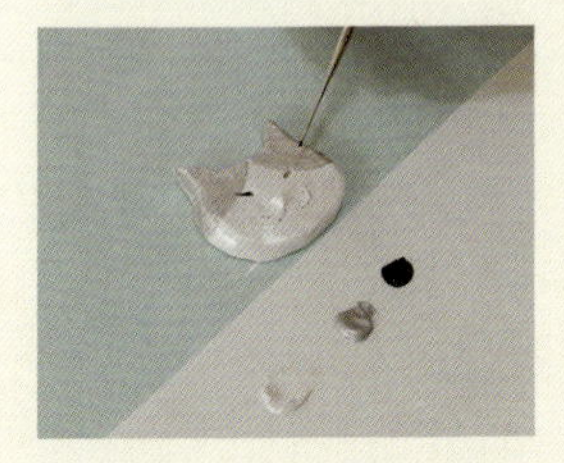

11、柄が乾いたら黒で目や口元に色を入れる。

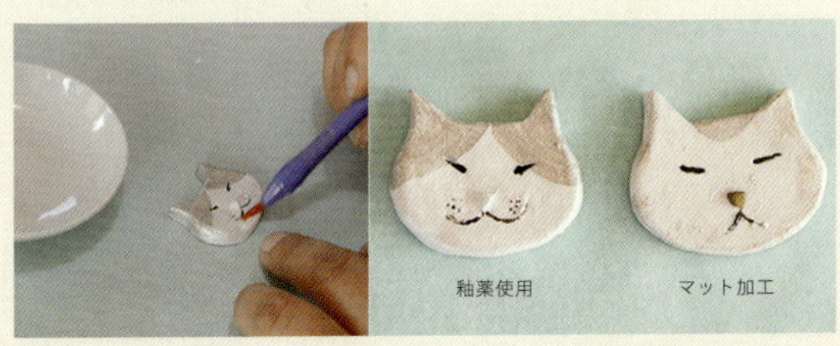

12、乾かしてマット加工の際は液を塗り乾かす。ツヤ加工の際は釉薬を塗り120度のオーブンで12分ほど焼いて冷ます。ブローチピンを接着して完成。

つくってみよう！

飾り巻き寿司（顔）

基本形を覚えたら、色柄を変えていろいろな猫をつくってみよう。
仕上がりは、切ってからのお楽しみ。

教えてくれたのは

飾り巻き寿司教室あかり
松井亮子さん（詳細89ページ）
オリジナルデザインを日々考案。アニメで人気のキャラクターなど、猫のデザインも多い。

ワンポイント

のりはツルツルしている面が表。事前に指などで長さを把握しておくと作業がスムーズ。耳の位置がかわいさのポイント。

1、最初に使用する材料を計量してから始めるとスムーズ。のりは市販の全形サイズを半分にカットしたものを基本サイズとする。

2、3分の1サイズののりを10cmの辺を手前にし、すし飯（白・ピンク）各20ｇを伸ばし、巻いて留め、目・口のパーツをつくる。

3、巻き終わりは、すし飯を指で強く伸ばして糊代わりにする。見栄えに影響するため、飯粒の白色が残らないように伸ばす。

4、2分の1サイズののりで30ｇのすし飯（白）を1本巻き、耳のパーツをつくる。上からちょっと押さえて楕円形につぶす。

5、濡れふきんの上に2分の1サイズののりを乗せ、煮かんぴょうを巻き鼻のパーツをつくる。巻き終りの余分な部分はカット。

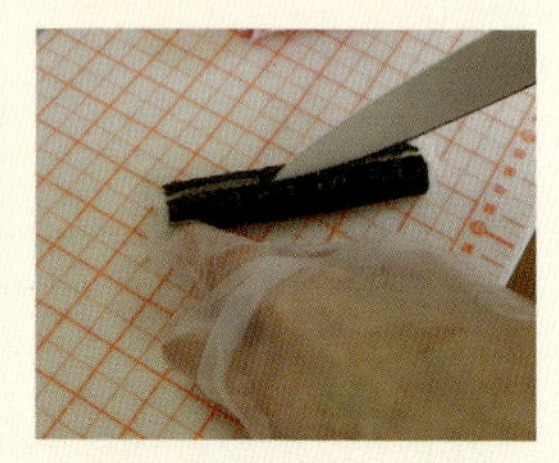

6、2でつくった目・口のパーツを縦半分に切る。まずのりだけに切り込みを入れ、手酢をつけて2回くらい包丁を動かしてカット。

用意するもの

すし飯(白)230g(20g×6、30g×2、50g×1)
すし飯(茶)30g　※鰹節にしょう油少々など茶系の食材を混ぜる
すし飯(黒)20g　※すりゴマを2ツマミ程度混ぜる
すし飯(ピンク)20g　※さくらでんぶや梅酢を混ぜる。口用
煮かんぴょう　約10cm×2〜3枚　※すし飯(黒)を5gほど多くして代用も可。鼻用
のり半切り3枚(1枚＝全体、2分の1×2枚＝耳・鼻、3分の1×3枚＝目・口・全体)
ヒゲは分量外
巻きす、包丁、手酢(水1カップに酢20cc)

※使用するのりの基本サイズは、市販の全形のりを長い辺の方で半分にカットした半切りサイズ(10〜10.5cm×19cm)。短い辺を手前にして作業。

7、基本サイズののりに3分の1ののりを1cmほど重ね、すし飯を糊代わりにしてつなげる。

8、7ののりの中心にすし飯(白)30gを広げ、すし飯(茶・黒)を白より少し高くなるよう2cm幅くらいで伸ばしていく。

9、両脇にそれぞれすし飯(白)20gを広げる。1段目が完了。

10、1段目のすし飯(白)の上に、中心にすし飯(白)20gを伸ばし、両横に並べて2でつくった目のパーツを置く。

11、中心に鼻のパーツを置き、すし飯(白)20gを両脇に目の幅、鼻の高さに合わせて伸ばす。鼻の上にすし飯(白)がこないように。

12、半分にカットした口のパーツを、鼻のパーツの中心に合わせて置く。

13、すし飯(白)50gを全体を覆うように伸ばし、飯粒を片側(利き手側)ののりにつけ、つけなかった方から巻き始める。

14、持ち上げて巻き、形を整える。巻き終わりを下にして置き、形を整える。手酢をつけながら包丁を数回動かし、4切れにカット。

15、4でつくった耳のパーツを縦半分にカット、2本並べて横に4等分し、端をとがらせて頭につける。のりでヒゲを付けたら完成。

つくってみよう！

飾り巻き寿司（肉球）

前ページで顔のつくり方をマスターしたら、肉球にもチャレンジ。
両方並べるとさらにかわいい。

用意するもの

すし飯（白）145ｇ（5ｇ×3、50ｇ×1、10ｇ×2、20ｇ×1、40ｇ×1）、すし飯（ピンク）80ｇ（10ｇ×4、40ｇ×1）

のり半切り3枚＋４分の1枚（1枚＝全体、2分の１×1枚＝肉球大、4分の1×5枚＝肉球小4枚・全体1枚）

1、
4分の1サイズののりで、すし飯（ピンク）10ｇを巻き、肉球小4本をつくる。

2、
2分の１サイズののりの中心に、すし飯（ピンク）40gを3㎝幅ぐらいのカマボコ型に広げ肉球大1本をつくる。片側ののりに、すし飯を伸ばして両端を閉じたら、巻きすで形を整える。

3、
①でつくった肉球小の細巻き4本を、すし飯（白）5gを間に挟むように交互に横に並べて貼り合わせる。

4、
組み立て工程に入る。のりは基本サイズ1枚と4分の1サイズを貼り合わせて使用。

5、
のりの左右を5㎝残し、内側にすし飯（白）50gを広げる。

6、
中心に②でつくった肉球大を置く。

7、
肉球大の両脇に10gずつ、１㎝幅にすし飯（白）を置く。

8、
すし飯（白）20gで、肉球大ののりを隠すように全体を覆う。

9、
③でつくった白黒の細巻きの列を、カーブさせながら被せる。

10、
すし飯（白）40gで全体を覆うようにし、利き手側ののりにすし飯を糊代わりに付け、持ち上げて片側ずつとめる。

11、
4等分にカットしたら完成。

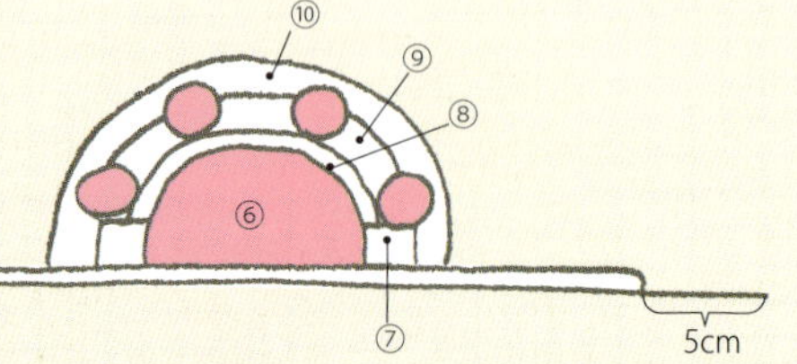

つくってみよう！

ボールペンで簡単イラスト

イラストをちょっと添えるだけで、
かわいさ満点。気持ちもぐんと伝わる。

教えてくれたのは

呼春さん（詳細51ページ）
ふんわりした癒し系の猫のイラストが人気。作品は言葉を添えて。

ワンポイント

楕円の顔ベースに、目の位置やヒゲの角度をちょっと変えるだけで喜怒哀楽が生まれる。チークでさらに表情豊かに。

用意するもの

紙、黒ボールペン、ピンク色のチーク（色を入れる際に、チップや細めのブラシがあると便利。色鉛筆でも可）

●うれしい
耳はピンと立て、目は上の方に、鼻はぷっくり。チークは丸く目と鼻の間に。

●悲しい
耳も目もヒゲも下向きに、涙も添えて。チークは下の方にうっすらと。

●怒っている
目は吊り上がり、鼻はぷっくり。チークは目のラインに沿って鋭角に。

●優しい気分
目・鼻は浅めのラインで穏やかに。チークは目の下にふんわりと。

●瞑想中
耳は離れ気味にピンと立て、目は深めの曲線。チークは目の下に。

●考え中（ひらめき）
耳・ヒゲは元気良く。チークは頬の真ん中に。ひらめきマークを添えて。

つくってみよう！

みけねこちゃんケーキ

ふんわりしたスポンジで生クリームを包み、ゴマで模様を付けたら、三毛猫の出来上がり。

教えてくれたのは

工房いもねこ パティシエ
松島直美さん（詳細82ページ）
いもねこに入社して以来、すっかり猫好きに。今回のケーキは通勤途中で毎日見る猫がモデル。

ワンポイント

スポンジを上手にカットすれば1つで2体つくれる。その際、クラムはとれないため、柄は削ったホワイトチョコレートなどで工夫を。

用意するもの

ケーキ型 丸15㎝／全卵2個、グラニュー糖65ｇ、薄力粉55ｇ、乳脂肪35％の生クリーム200ml入り1パック（10ccはスポンジ、残りの190ccとグラニュー糖10ｇは泡立て用）、バニラオイル少量、イチゴ（1体に1粒。バナナ約2.5㎝で代用可）、炒りごま（黒・白）少量、市販菓子（支柱用のチョコレートポッキー、目・鼻・耳用のチョコレート菓子など）

1.ボウルに全卵を入れほぐしたら、グラニュー糖65gを入れ湯煎にかけ人肌程度（夏場36～37度、冬場40度）まで温まったら湯煎からボウルを取り出す。

2、ハンドミキサーの高速で泡立て、白くもったりしてきたら低速に切り替えてキメを滑らかに整える。

3、バニラオイルを数滴、ふるった薄力粉を入れ、ゴムベラで下から上へ生地を練らないよう注意して合わせる。約60度に温めた生クリーム10ccを加え素早く混ぜる。

4、180度に余熱したオーブンで約25分間焼く。焼き上がりの合図はスポンジの表面を触った時に「ジュッジュ」と音がし、跳ね返るような感じがある。型ごと作業台から少し持ち上げ、バンッと1回、打ち付けて中の蒸気を抜く。すぐに型から出して冷ましておく。

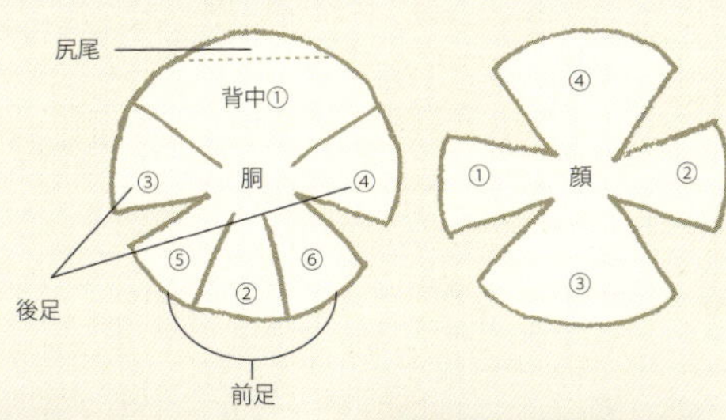

5、底の部分をカットし、両脇に定規や割り箸２本などで8㎜ほどの高さをつくり、そこに包丁の刃を当てるようにして平行にスライスして3枚にする。

6、事前に型紙をつくっておく。上部に焼き色がない2枚のスポンジを用意し、型紙を載せてカット・切り込みを入れ、顔と胴体を準備する。

7、尻尾は、側面の茶色い部分を取り除く。顔・胴・尻尾以外のスポンジは茶色い部分を取り除き、フードプロセッサで細かいそぼろ状にしておく（クラム）。

8、生クリーム190ccはグラニュー糖10gを入れ、ツノが立つくらいまで泡立てる。片面ずつ地肌が透けて見えるくらいに薄く塗る。尻尾は全体に塗る。胴の真ん中に生クリームを絞り出す。

9、ヘタを取ったイチゴを尖った方を下にして生クリームの上に置く。切り込みを入れた部分を順々に起こしてイチゴを包むようにし、ひっくり返して形を整える。表面に生クリームを薄く塗る。

10、頭用のスポンジも真ん中に生クリームを絞って図の番号順に立ち上げて包み、ひっくり返して形を整える。表面に生クリームを薄く塗ったら、ラップに包んで形を馴染ませる。

11、3つのパーツに三毛猫の模様をごま（黒・白）、クラムを軽く抑えるようにしてランダムに貼り付ける。はみ出したゴマは楊枝などで取り除く。

12、皿に尻尾、その上に胴を置く。ポッキー3本を胴より2㎝ほど長く折って（チョコレートが付いている方を使用）突き刺し、見上げる感じで頭を載せる。

13、ヒゲは外側から内側に向けて生クリームを絞り出し、チョコレート菓子で目と鼻、クラッカーなどで耳を付ける（切り込みを入れ差し込む）。

私だけの手づくりねこ

2017年5月23日　初版発行

企画・編集　静岡新聞社出版部
取材・撮影　西岡あおい　佐野真弓　忠内理絵
撮影　石川綾子
デザイン　森　奈緒子(sky beans)

発行者　大石剛
発行所　静岡新聞社
〒422-8033 静岡市駿河区登呂3-1-1
TEL 054-284-1666
印刷・製本　中部印刷株式会社

ISBN978-4-7838-0776-6　C0076
